COUP-D'ŒIL

SUR LES

AMÉLIORATIONS AGRONOMIQUES

EN FRANCE,

ET LES QUESTIONS SOCIALES ET FINANCIÈRES QUI S'Y RATTACHENT,

Par M. Ducroquet de Lambus,

ANCIEN FABRICANT DE SUCRE INDIGÈNE ET MEMBRE DE LA SOCIÉTÉ D'AGRICULTURE DE MONTREUIL-SUR-MER,

Agriculteur à la Niverdière par Montrésor, (Indre-et-Loire.)

ARRAS,
Imprimerie de Jean DEGEORGE, rue du 29 Juillet.

1845.

COUP-D'ŒIL

SUR LES

AMÉLIORATIONS AGRONOMIQUES

EN FRANCE,

ET LES QUESTIONS SOCIALES ET FINANCIÈRES QUI S'Y RATTACHENT,

Par M. DUCROQUET de Lambus,

ANCIEN FABRICANT DE SUCRE INDIGÈNE ET MEMBRE DE LA SOCIÉTÉ D'AGRICULTURE DE MONTREUIL-SUR-MER.

ARRAS,
Imprimerie de Jean DEGEORGE, rue du 29 Juillet.

1845.

INTRODUCTION.

Les questions agronomiques sont éminemment sociales, car que serait une société sans Agriculture? Or, dans un siècle de lumières, la science infuse, ni même des connaissances acquises par de longues études ne sont pas nécessaires pour émettre des opinions qui conduisent aux améliorations que nécessite le bien-être de l'Agriculture et de la Société. Du courage, la bonne foi et la conviction, fruit de l'expérience, soutenue de l'envie d'être utile à son pays, doivent suffire.

Nous fondant sur ces considérations, nous ne pouvons résister au besoin de développer des idées qui nous paraissent d'ordre public et d'un intérêt national. Nous ne nous dissimulons pas tout ce qu'il y a de téméraire de s'exposer ainsi à la publicité, quand on n'a pas reçu une éducation analogue et méthodique ; mais fort de la pureté de nos intentions, nous endurerons la critique des vrais et des faux savants, disposé à profiter des leçons sages qui nous seront données par les premiers et à mépriser la satire des autres.

Né agriculteur, le soleil de 89 n'a pu nous éclairer qu'à la longue, car, n'ayant que 6 ans alors, notre éducation en souffrit; et, c'est en suivant la charrue et en observant les faits qui se sont accomplis, que notre expérience nous a ainsi prouvé qu'un mieux social était possible.

Pour arriver à ce mieux, que faut-il? Un bon vouloir. Il n'y a qu'un sacrifice bien minime, sacrifice d'amour-propre à faire, celui de profiter des idées de tous ceux qui en ont de bonnes, n'importe qui ils sont et d'où ils viennent; il ne faut pas qu'une politique, contraire aux intérêts de tous, et suscitée par un faux amour-propre, soit jamais un obstacle à l'admission du bien, sortirait-il, même, d'un cerveau nul, en apparence.

Mais nous savons que le vrai, sous quelque forme qu'il se présente, est toujours accueilli du sage et c'est là ce qui nous encourage à développer et à publier les idées qui suivent. Nous savons aussi, qu'en Agriculture surtout, les plus beaux raisonnements, s'ils ne sont pas appuyés de faits pratiques, ne font pas abandonner un système, quelque mauvais qu'il soit. Ce sont ces considérations qui nous ont encore encouragé dans notre résolution, qui est forte d'une expérience de 40 années d'essais plus ou moins heureux, qui profiteront à nos successeurs; cette expérience se fortifiera de nouveau, dans une entreprise agricole, où rien ne sera caché à quiconque nous accordera sa confiance.

Persuadé, que nos intentions seront appréciées, que nous serons secondé des vœux de tous ceux qui cherchent les améliorations sociales et protégé du gouvernement, persuadé de cela, nous ferons tous nos efforts pour prouver aux départements du Nord que, si ceux du Midi ont tant de friches, ce n'est pas le sol qui en est la cause ; mais, le défaut de connaissances, de ressources et une routine invétérée, qui se perpétuant par la faute de la grande propriété, s'obstinant à suivre un faux système de location qui a donné naissance à cet ancien préjugé que *si le sol était bon, il serait plus recherché.*

Voilà ce que nous désirons détruire en nous efforçant d'attirer à notre secours et à celui des principes que nous voulons mettre en avant, d'habiles agriculteurs de nos contrées, accompagnés d'intelligents travailleurs. Marchons à cette fin et entrons en matière.

PREMIÈRE PARTIE.

AMÉLIORATIONS AGRONOMIQUES.

Défrichement et colonisation. — Inspecteurs d'Agriculture. — Division de la propriété. — De l'association en matière d'industrie agricole. — Moyens de coloniser. — Avances de fonds. — Propriétés communales. — De l'Agriculture en général. — Le Commerce et l'Agriculture. — Haut prix de la viande. — Du Bétail. — Réflexions.

DÉFRICHEMENT ET COLONISATION.

La Société Agricole d'Arcachon nous ayant fait l'honneur de nous appeler, pour visiter les landes de ce pays, nous fîmes un rapport à cette Société qui, par suite, nous proposa de nous donner la direction d'une entreprise de colonisation pour laquelle de nombreux travailleurs nous présentaient tous les élémens de réussite. Des circonstances indépendantes de la volonté des actionnaires, comme de la nôtre, étant survenues, nous fûmes contraints de nous abstenir.

C'est alors que nous songeâmes à tirer parti de nos courses dans le Midi de la France, dans l'intérêt de la grande population, dont on ne comprend pas bien l'état réel. Notre but serait de pousser à l'application d'un principe de colonisation intérieure et, aujourd'hui que nous avons trouvé un riche propriétaire (M. le comte de Jouffroy) qui a bien voulu nous louer et confier à nos soins, une vaste propriété qu'il possède dans la Touraine, il nous sera permis d'offrir aux ennemis de toutes améliorations, la preuve des faits que nous avançons sous le rapport de la fertilisation des landes ou bruyères, ce qui détruira, nous en avons la conviction, le funeste et trop enraciné préjugé que les landes et d'autres friches semblables, sont improductives. Ainsi, nous présenterons un exposé succint des remarques que nous avons faites, non seulement à Arcachon, mais encore dans les pays que nous avons parcourus de Paris à la Teste, et nous donnerons notre opinion sur les améliorations possibles.

D'abord, le sol sablonneux d'Arcachon nous a présenté tous les élémens d'un sol productif, ce que nous pensons avoir suffisamment démontré dans une réunion *ad hoc*, à Bordeaux. Nous y avons prouvé que, suivant nous, ce qui manquait à ce pays, c'étaient plus les intelligences spéciales que les bras qui déjà répondaient à l'appel des actionnaires d'Arcachon. Toutes les ressources existent donc en France pour une grande œuvre nationale, quoiqu'en disent certains esprits qui écrivent dans les journaux et trompent le gouvernement, en le détournant du bien qu'il peut et qu'il a l'intention de faire aux classes laborieuses des campagnes, résignées à souffrir sans se plaindre.

Quant aux plaines d'Orléans à Angoulême et même plus loin, lesquelles sont encore couvertes de bruyères comme au 15e siècle, nous les avons jugées bonnes, plus ou moins, sans doute ; mais généralement, le sol présente à la surface, assez de terre végétale pour en tirer un grand parti.

Aussi ce fut pour nous un bien triste spectacle de voir l'Agriculture de ces beaux pays dans un état si arriéré. Qu'on pense que pour y labourer la terre, on n'y connaît qu'un seul et défectueux instrument auquel nous ne saurions donner un nom ! Point de véritables charrues, de binots, de herses, de rouleaux et encore moins de ces nouveaux instrumens dont l'Agriculture tire aujourd'hui un si bon parti. Point ou peu de bestiaux, aux cinq sixièmes de ce qu'il est nécessaire. Comment l'Agriculture pourrait-elle prospérer lorsque les agens qui doivent la stimuler, sont dans un pareil état? Elle attend dans ces pays qui présentent tant de ressources, l'introduction de quelque bon système propre à la faire sortir de son engourdissement.

L'on vous dit : les bras manquent dans cette contrée ; et, d'ailleurs, qu'y feraient-ils ? Découvrez les trésors que cette terre renferme et vous verrez si les bras y manqueront.

Nous disons que, dans ces départemens comme dans les nôtres, les ouvriers des champs ne manquent pas, mais bien le travail rétribué *suivant le besoin*, pour l'existence des familles des travailleurs; et, que la petite et la grande culture y sont en souffrance, malgré le bas prix du travail des champs. Nous en déduirons les causes plus loin.

Que ferait une plus grande quantité de bras sur un sol où l'intelligence de l'agronomie n'a pas fait le moindre effort pour fertiliser ce sol complètement décrédité, quoique favorisé de la nature, par l'action de son premier agent ! Si nous en jugions, cependant, par le peu de récoltes que nous y avons vues, nous pourrions affirmer, que mieux soignées, ces terres produiraient convenablement et y attireraient des bras.

Dans ces occurrences, pourquoi le gouvernement n'interviendrait-il pas dans des colonisations intérieures et partielles, sans faire comme l'Angleterre qui les favorise et protège à l'extérieur, où les dépenses absorbent souvent les rentrées ?

Mais, nous le répétons, les améliorations à désirer n'arriveront que par le gouvernement qui pourtant est souvent dupe d'une trop grande confiance en des hommes *aux dehors sincères* et qui tournent tout à leur profit, en lui montrant la France agricole et laborieuse, sous un faux jour. C'est souvent dans ce piège que tombe la bonne foi, et ceux qui ne laissent pas la franchise s'approcher d'eux ; c'est cependant par là que se révéleraient les grandes vérités qui feraient comprendre l'utilité et la nécessité du défrichement des landes et friches quelconques, au moyen de colonisations intérieures et partielles : ce que nous regardons comme facile, si nous en jugeons par les nombreux agriculteurs et ouvriers de tous corps de métiers, qui s'étaient présentés pour les landes d'Arcachon.

Ces colonisations ne seraient - elles pas plus nationales et plus productives pour la France, que celles que se crée l'Angleterre à deux et trois mille lieues de la mère-patrie ? Plus nationales, en ce que le sol conserverait ce qu'il possède de plus courageux et de plus intelligent en hommes de génie et de plus robuste en homme de peine; car, dans le premier cas, ceux qui manquent de courage et de génie, quittent difficilement leur pays, et, dans le second, il faut être fort pour supporter une longue traversée, et les faibles préfèrent rester chez eux, y mendier. Il faut aussi avoir de l'âme pour s'éloigner du lieu qui vous a vu naître et où l'on a toutes ses affections.

D'un autre côté cependant, il est des hommes de cœur qui préfèrent languir, à une chance aventureuse; surtout quand l'expérience a prouvé *qu'il ne suffit pas de vouloir pour pouvoir* et que, souvent le hasard a fait plus que la capacité. Un déplacement au centre de la mère-patrie, ne présenterait pas les mêmes inconvénients et le gouvernement, en facilitant l'amélioration des conditions de chaque position, aurait la gloire d'avoir facilité aussi, la fertilisation du sol français, en général, et satisfait aux besoins du trésor. Ces colonisations, à l'intérieur, seraient plus productives, en ce que le défrichement des landes françaises en augmenterait la valeur foncière et les recettes; elles provoqueraient et assureraient l'émigration du trop plein dans certaines contrées, où la population s'est considérablement accrue, par le développement d'industries qui y ont malheureusement fait leur temps, sans laisser à cette population agglomérée les ressources nécessaires à son existence. En défrichant nos landes, la mère nourrirait encore ses enfants, dont une considérable partie souffre, en foulant aux pieds les trésors qu'elle renferme dans son sein.

DES INSPECTEURS D'AGRICULTURE.

Depuis long-temps, les inspecteurs d'Agriculture, quoiqu'en trop petit nombre pour la France, auraient dû éclairer le gouvernement sur le moyen d'atteindre le but que comportent ces délicates missions. Une étude sérieuse et approfondie des besoins sociaux, dégagée de prévention et surtout visant au bien-être général, *humainement compris*, amènera les résultats que le gouvernement, dans ses vues paternelles et protectrices, a un si grand besoin de trouver, pour calmer les souffrances et faire taire l'esprit de parti qui est souvent injuste, n'importe à quelle nuance d'opinion il appartienne. L'exagération est toujours combattue par l'exagération et de soi-disant amis des gouvernements les détournent du bien, pour les empêcher d'arriver par un autre chemin que celui qu'ils ont intérêt de leur montrer, soit par flatteries intéressées, ou, par esprit de domination.

Mais espérons que, pour la France, cela n'aura plus lieu et que l'on obtiendra les améliorations tant désirées. Il n'y a en inspectant les localités qu'à sonder leur esprit, leurs ressources et les moyens employés pour les conserver ou les augmenter. Pour arriver à cette parfaite connaissance, il faut comprendre toutes les opérations par la pratique, sans quoi, tout sera *de l'hébreu pour un nouvel inspecteur* et confusion pour le gouvernement ; au contraire, quand l'inspecteur est familiarisé avec ces opérations, il les comprend et les fait comprendre, dans ses tournées, avec toutes les modifications à apporter dans de mauvais systèmes, suivant les sols et les localités ; de là, facilité d'action pour le gouvernement.

Il faut que l'inspecteur puisse inspirer de la confiance, en se mettant à la portée de toutes les intelligences, en citant des faits et en mettant même la main à l'œuvre. Pour amener cette confiance si nécessaire, pour faire abandonner la routine et l'usage d'instruments impropres aux perfectionnements agricoles, il faut être observateur, avoir l'esprit juste et les mains *un peu calleuses*, pour se faire comprendre et écouter *du commun* des agriculteurs ; bien que cela, sans doute, se soit pratiqué, jusqu'à ce jour, par les inspecteurs existants, il n'en est pas moins vrai que leur bonne volonté et leurs capacités, sont insuffisantes aux grands travaux à entreprendre, dans tous les départements de la France. Il faudrait donc, augmenter le nombre des inspecteurs et favoriser la controverse parmi eux, pour arriver au perfectionnement des systèmes.

Pourquoi donc le gouvernement ne ferait-il pas apprécier les avantages que peuvent retirer les communes de ces vastes landes qu'elles conservent en friches ? et pourquoi, après leur avoir garanti ces avantages, ne pas utiliser le superflu au profit de la nation ? ce qui n'exclurait pas les communes du droit commun. Pour arriver à cela, il faut une appréciation contradictoire des prétentions des communes sur ces avantages, qui pourraient être exagérées ; cette appréciation mettrait le gouvernement à portée de connaître le revenu possible du royaume et de fournir aux habitans du Nord de la France, le moyen de réparer des pertes que leur occasionent plusieurs industries aux abois. Parmi ces industries figurent en première ligne la fabrication du sucre indigène, l'industrie linière, la culture des plantes oléagineuses, la filature à la main, et encore, l'élève des races ovines, par le bas prix des laines.

DIVISION DE LA PROPRIÉTÉ.

Des gens, bien intentionnés, pensent que la division de la propriété tend à la ruine de l'Agriculture, c'est à tort; car, la culture d'un hectare de terre est plus facile dans ses détails, que celle d'un cent; on en trouve la preuve dans la différence des cultures des potagers, d'avec les terres en grande culture; et dans celle du prix de la location, en détail, ou en masse; cette règle est générale; la Belgique et la Flandre, où il y a peu de grandes exploitations, en fournissent la preuve. Il faut toujours (pécuniairement parlant) que l'exploitant soit plus fort que l'exploitation; si le contraire a lieu, la terre est à comparer au cheval qui n'a que de la paille dans le râtelier, pour faire un lourd travail. Et la pratique nous a prouvé, qu'il vaut mieux cinquante hectares bien soignés, que cent, mal suivis; la bonne tenue des terres, amène toujours la bonne tenue du bétail, qui, profitant de l'abondance des récoltes, redonne par les engrais qu'il fournit en plus grande abondance, les substances alimentaires, résultant d'une plus forte et plus riche reproduction.

Sans doute, qu'en préconisant le système de la division des propriétés, nous ne le demandons pas à l'excès, ce qui n'arrivera que trop vite, par l'augmentation de la population, c'est plutôt en vue de prévoyance, que nous raisonnons, que par désir; mais, il faudra accepter ce qui ne sera que la conséquence d'un ordre naturel, qui ne peut être interverti, *momentanément*, que par le défrichement des landes; certainement la grande division des propriétés imposera des servitudes réciproques et sans nombre, mais, cela est inévitable et ne diminue pas les valeurs vénales et locatives; seulement elle crée la gêne, sans cependant, diminuer le produit. Un particulier qui cultive un hectare de terre et qui nourrit une vache et son veau, doit, *proportionnellement*, plus produire que celui qui a cent hectares et ne nourrit que trente vaches et deux cents moutons. Si l'Angleterre a tant amélioré, par sa grande culture, c'est à force de capitaux et d'encouragements pécuniaires du gouvernement et de la grande fortune. Le peuple y est-il plus heureux, avec ces masses de propriétés? Ce n'est pas à la grandeur du parcours qu'appartient l'amélioration du sol et du troupeau ; mais à la qualité de ce parcours.

En France, les fortunes ne sont pas assez considérables, pour en attendre des améliorations agricoles qui ne peuvent venir que de la petite propriété et de la moyenne culture, les deux classes qui s'en occupent le plus ; ce serait même entrer dans une grande contradiction, que de vouloir faire prévaloir un principe contraire à celui que nous soutenons, en faveur de la division des grandes propriétés ; car si le Midi de la France ne se fertilise pas suivant ses besoins, dans l'intérêt de la grande population française et du trésor, c'est que cette partie du sol n'est pas peuplée *en proportion* de son étendue ; mais, que de ce principe l'on n'induise pas qu'il faille agglomérer à l'infini ; en tout, l'excès est un défaut, il faut des proportions.

Ainsi, les améliorations sont la conséquence de la bonne tenue, la division *relative* y mène ; et, ne reconnait-on pas la vérité de cette assertion dans la différence que l'on remarque entre la commune qui a un grand parcours sans population, et celle qui en a un petit, avec une forte population. Dans ce dernier cas, et la nature du sol étant même de qualité inférieure, la propriété est d'une valeur vénale et locative plus élevée que dans la localité qui manquant de bras et des débouchés provenant de bonnes voies de communication, ne peut tirer le parti convenable de son sol, quoique de qualité supérieure.

Il faut donc, suivant notre expérience, adopter cette idée conforme à la saine logique, que quatre personnes cultiveront mieux huit hectares qu'une seule ; la nécessité les oblige à la recherche des améliorations, tandis que l'insouciance d'un individu, à peu près bien placé, le détourne de ces améliorations. Ne voulant pas courir de chances hasardeuses, il ne redoute pas la concurrence et il en faut pour que le génie de l'homme se développe ; répétons encore toutefois, qu'une trop grande agglomération de bras sur un point trop resserré, leur est nuisible et compromet la tranquillité, s'il y a disproportion dans le travail quotidien.

DE L'ASSOCIATION EN MATIÈRE D'INDUSTRIE AGRICOLE.

Nous n'oserions pas, pour arriver au défrichement des landes, nous livrer à l'idée de l'association, qui peut avoir son beau côté, mais qui est trop embrouillée, dans ses détails, pour l'adopter sans le bien comprendre; nous pensons qu'il serait peut-être mieux de coloniser partiellement, par un système combiné qui tendrait à rendre chaque individu, indépendant d'une volonté unique; ce qui n'empêcherait pas, chacun, de payer son droit de jouissance. Ce système deviendra facile, quand le gouvernement aura proposé aux chambres et obtenu d'elles, un inspecteur de culture par département, s'il comprend bien sa mission et si, par son expérience, il peut bien démontrer et faire mettre en usage toutes les méthodes qu'il aura étudiées et mises en pratique.

MOYEN DE COLONISER.

Il suffirait d'un agriculteur expérimenté, parti des départements du Nord avec un nom connu, pour entraîner assez de monde à l'effet de coloniser un département en peu d'années : un bon exemple donné à propos, serait bien vite suivi, et c'est pourquoi il ne faut pas que cette mission délicate soit confiée au hasard; il faut qu'il y ait intelligence et amour du bien public, chez cet agriculteur, qui devra être bien convaincu que les hommes sont faciles à diriger, si leurs intérêts sont servis et si leur amour propre est ménagé. Le choix de cet agriculteur serait sous la responsabilité morale de l'inspecteur, qui le présenterait à l'approbation du ministre; nul ne serait admis s'il ne donnait la preuve qu'il peut attirer, à lui, une quantité d'individus, suffisante à la réussite de son entreprise; ce serait là un *certificat* de capacité et d'influence. Il ne faudrait pas que le choix de l'inspecteur, pas plus que celui de l'agriculteur, fût le résultat de la protection, mais bien celui du mérite et des capacités spéciales : pour remuer et faire produire la terre, il faut un homme pratique; pour le juger, il faut bien le comprendre; de là dépendra la réussite de toutes les opérations qui se rattachent à une grande œuvre agricole.

Chaque individu travailleur aurait une quantité donnée de terre et une maison construite, dont il ne paierait location qu'après un temps déterminé et à un prix tel, qu'il pût se regarder comme quasi-propriétaire ; la longueur du bail, qui lui serait fait, l'attacherait à l'entreprise et au sol qu'il exploiterait. Chacun serait libre de rembourser la valeur de la propriété qu'il occuperait, se basant sur le prix de location, à deux et demi pour cent.

AVANCES DE FONDS.

Les avances à faire ne seraient que celles de la mise en train ; il faudrait construire des maisons, avancer le mobilier, remboursables en douze ans ; ces avances porteraient intérêt à trois pour cent, après deux années de jouissance. L'emploi des fonds serait surveillé par un agent spécial et responsable du détournement des sommes purement destinées aux constructions et à la formation des mobiliers, qui devraient être la garantie de celles avancées.

Voilà, suivant nous, pour la mise en action du projet, une marche qui n'effraierait personne et qui permettrait à chacun d'entreprendre suivant sa position sociale sans craindre d'être dépendant de qui que ce fût, si ce n'est de la surveillance légitime du gouvernement, qui jouerait là le rôle de prêteur ; ce système d'ailleurs, peut être élargi ou retréci suivant les circonstances ; chaque département aurait sa ferme et son système modèle d'administration, le mieux ordonné serait *l'élu*. Pour arriver à quelque chose, il ne suffit pas de proposer ; il faut se mettre à l'œuvre ; il y a commencement à tout.

Nous pensons qu'une dépense de cent-vingt francs, environ, suffirait au défrichement d'un hectare de landes ordinaires ; et voici dans quelles proportions. Chaque département, où il y aurait des landes à défricher, devrait être gratifié, en fermes et maisons de travailleurs ; 1°, d'une ferme pour cent hectares de terres à défricher, qui demanderait un déboursé de quinze mille francs, pour constructions, de vingt-cinq mille francs d'avances de mobiliers, pour exploiter les cent hectares et remboursables en douze années : 2° de dix maisons de travailleurs, sur un hectare de terrain défriché pour chacune, et dont le prix de construction peut être évalué à quinze cents francs l'une : 3° les avances des mobiliers évalués cinq cents francs l'un ; ci, cinq mille francs pour les mobiliers, portant intérêts, à trois pour cent ; et les bâtiments, après une occupation constatée de quatre années de jouissance, paieraient location à deux et demi pour cent du prix de construction, jusqu'à un second bail, dans lequel le prix de location des terres, serait confondu avec celui des habitations et pourrait être augmenté, suivant les circonstances. Dans le premier bail, les terres ne pourraient pas être louées plus de trente francs l'hectare et moins de vingt, avec quatre années de jouissance gratuite.

Ainsi, avec une somme de soixante quatorze mille francs environ y compris les frais de défrichement, chaque département où il y a des landes, commencerait une opération qui pourrait avoir des résultats immenses dans un avenir prochain ; car comme cette entreprise serait faite avec une force pécuniaire relative, la réussite serait certaine et exciterait la concurrence des agriculteurs du Nord qui transporteraient leurs systèmes améliorés dans le Midi ; cela créerait au gouvernement, une ressource territoriale qu'il n'obtiendra pas par le moyen de l'association, qui demanderait aussi des avances, sans exciter autant d'émulation que le désir de posséder un jour individuellement. Les spécialités seraient mises à l'œuvre.

Le projet de défrichement par l'association, ne procurerait que des travailleurs qui, n'ayant pas l'habitude de posséder, auraient peine à conserver ce qu'ils gagneraient, tandis que par notre système toutes les classes de la société prendraient part à cette grande œuvre, les uns par spéculation, les autres pour sortir d'une position gênée et d'autres encore pour se créer un avenir *par eux-mêmes ;* et enfin, le travailleur honnête et courageux, pour se ménager une ressource pour la retraite.

En 12 ans le capital foncier pourrait augmenter des 2|3, ayant produit après 4 ans, une location d'environ 26 francs l'hectare, l'un portant l'autre ; sur quoi il serait facile au gouvernement, de payer aux communes, pendant les 12 années, le 1|3 environ du revenu à titre d'indemnité pour expropriation. Ce 1|3 représente plus que le produit total d'aujourd'hui, ce qui serait continué, si elles n'aimaient mieux rembourser sur le prix de location et jouir par elles-mêmes : faute de cela, après les 12 années, le gouvernement pourrait en disposer à son profit, en conservant aux communes leurs droits, soit en usufruit proportionnel ou en remboursement du capital, représenté par le 1|3 du prix de location, qui formerait la valeur du fond, tel qu'il était au moment de l'expropriation.

Comme les constructions seraient nécessaires à l'exploitation des terres, leur valeur serait jointe à la valeur foncière et le gouvernement disposerait des mobiliers, soit en les cédant aux exploitants, d'après l'état de la mise qui serait représentée, ou en les vendant, ainsi que cela se pratique dans le Nord de la France. Les frais de défrichements, de déplacements, d'administration et autres, se trouveraient bien compensés, par le prix de location, l'intérêt des sommes avancées, l'augmentation de la valeur foncière, les recettes du trésor, l'extinction de la mendicité et les services rendus à d'honorables infortunes. Une fois les 12 années expirées, le gouvernement pourrait, suivant les circonstances, diminuer les emplois, en ne conservant qu'un inspecteur par département; laissant à chaque exploitant le soin de son administration, et régissant les propriétés, non vendues, comme celles des hospices.

Les bases d'aministration posées, ce sont de grandes difficultés levées; mais, elles ne résolvent pas les principes de mise en pratique et surtout ceux qui doivent mener à la production, sans quoi rien n'est assuré; nous allons signaler les principaux besoins.

Il faut d'abord, que la qualité du sol soit bien appréciée par des hommes pratiques, qui puissent après l'avoir reconnu, juger par la comparaison, quelle est la culture qui peut y être suivie, et ensuite, quel est le système d'assolement à préférer, quelles sont les plantes qui peuvent s'y cultiver avec profit, le travail à y faire, les engrais à leur donner, suivant leur nature et celle du sol; et être bien convaincu que sans un alternement sagement combiné, tout défrichement perd ses qualités productives, en peu d'années; ce qui arriverait bien plutôt dans le Midi de la France, où le sol et l'atmosphère prêtent tant à l'évaporation. C'est dans les connaissances spéciales des hommes qui comprendront les points que nous signalons, que sera la réussite ou non, de la grande question du défrichement des landes; c'est là le point capital qui sera apprécié; manquer au début, c'est tuer le progrès de l'entreprise. L'expropriation d'une portion des biens communaux devenant nécessaire au complément de notre système, nous nous occuperons de cette importante question.

PROPRIÉTÉS COMMUNALES.

Que signifient ces vastes propriétés communales, dont les communes, pas plus que le gouvernement, ne retirent aucune ressource? Cette question importante des biens communaux a été soumise aux délibérations des conseils généraux; de ces délibérations, rien n'est encore venu prouver qu'un meilleur mode d'administration de ces biens, doive amener l'application de ce principe qui veut que chacun, sans distinction de fortune ni de classe, profite des droits de capitation établis *par la loi*, dans chaque commune. Au contraire, comme habituellement, chacun y a défendu des intérêts particuliers et par suite, lorsqu'une commune est en déficit, elle sollicite *et obtient* l'autorisation d'aliéner une partie ou la totalité de sa propriété. Dans ce cas, le pauvre fournit sa part de capitation comme le riche, *pour payer des dettes particulières;* car les communes qui n'ont pas de biens communaux, ont aussi leurs dépenses qui se paient, au marc le franc, sur les propriétés particulières; tandis que dans le cas précédent, le pauvre paie par égale portion, sur le bien communal contrairement au droit de capitation qui n'est que pour l'acquittement de la dette qui lui est propre; de même, dans beaucoup de communes, le riche cultivateur charge sans mesure, la propriété communale, de tout ce qu'il a de bestiaux dans son exploitation, et par là, usurpe un droit qui ne peut être exercé par celui qui ne possède que la besace. Si les bestiaux paient *à la tête*, pour paître, la recette est employée aux frais des communes, sans que les pauvres aient leur part *pour ne pas avoir joui;* et, si de plus, dans certaines communes, un pauvre ne peut payer les frais d'extraction des tourbes qui lui reviennent (ou il y en a); alors sa tourbe est confisquée au profit de l'extraction et il se réchauffe de ses larmes.

Avec un tel principe, comment arriver à l'extinction de la mendicité et à l'amélioration sociale? Dans un siècle de lumières, n'est-ce pas provoquer à la résistance et au renversement de l'ordre? Dire aux hommes, ne vous plaignez pas, quand ils sont dupes, *à leur connaissance*, c'est leur dire, ne nous écoutez plus; car, nous voulons que ce soit ainsi; voilà ce qui se passe dans beaucoup de communes, ce qui est admis par certains journaux et exploité par d'autres, pour légitimer les plaintes des partis.

De ce que nous venons de dire, que doit-on conclure? Qu'il faut un autre mode d'administration des biens communaux, pour les localités qui en possèdent plus *qu'elles n'en peuvent administrer*, et trouver le moyen d'utiliser dans l'intérêt de la France, ceux qui sont en friches. Nous essaierons de traiter ces deux points dans ce petit travail ou les faits sont reproduits dans toute leur exactitude, d'après vérification sur les lieux; ce que nous avons déjà signalé dans plusieurs rapports au conseil d'arrondissement dont nous faisions partie.

Mais malheureusement, tant que les propositions d'améliorations des systèmes seront isolées, elles resteront long-temps à la porte du mieux; car souvent ce sont ceux qui profitent qui sont appelés à décider les questions où ils sont juges et parties. Il faudrait donc une enquête par des hommes pratiques et d'un désintéressement bien reconnu. Rarement, l'on obtiendra la vérité des autorités locales; mais, l'on s'en frayera le chemin en restant au bas de l'échelle, et en entendant les intérêts froissés; il faut une inspection qui ne soit pas seulement de forme, mais une inspection qui soit propre à recueillir tous les documents susceptibles d'éclairer l'administration supérieure et les Chambres.

L'AGRICULTURE EN GÉNÉRAL.

Il y a beaucoup à dire sur ce chapitre qui prête souvent aux contradictions les plus étranges. Nous allons essayer de développer des idées qui nous ont été suggérées par une longue expérience des faits et une profonde conviction. Heureux si nous atteignons notre but.

L'on sait que dans le Nord de la France, une grande et belle industrie (la fabrication du sucre) est considérablement restreinte et passée à l'état de monopole dans les mains d'une classe privilégiée de la fortune; ce n'est plus ce beau travail industriel qui promettait tant d'avenir à la France agricole et laborieuse! Elle a fait sa course, quoiqu'en espèrent certaines gens, qui, en se trompant, (nous nous plaisons à le croire) ont surpris la bonne foi de la Chambre et servi l'égoïsme, sans intention, peut-être : nous n'entrerons pas dans les détails d'une question qui a été trop rebattue et trop dénaturée pour la reprendre avec fruit, pour le pays, que l'avenir éclairera sur ses intérêts. Attendons.

Contrairement à ce qu'on avait dû penser, de la réduction de cette culture, (de la betterave) celle des plantes oléagineuses ne s'est pas accrue, autant qu'il l'eût fallu pour indemniser nos agriculteurs et nos travailleurs *de toute la France;* car, tous devaient profiter, si cette industrie était restée agricole et indépendante du caprice du haut commerce. L'introduction des graines oléagineuses étrangères, qui à la suite de l'union douanière nous menaçent d'un plus grand encombrement, comblera la mesure et blessera au cœur notre Agriculture, dans ses assolements alternes.

Suivant nous, la culture des graines oléagineuses, comme celle des plantes légumineuses, est nécessaire au complément d'un bon système d'assolement. Cependant, contrairement aux faits accomplis, un Membre a dit au congrès central d'Agriculture, que, « Ce qui importait le plus à l'Agriculture, c'était d'augmenter la » fécondité du sol; or, la culture des graines oléagineuses, ten- » drait, au contraire, à diminuer la fécondité » : Si nous consultons les faits, nous trouvons que les départements du Nord, qui sont les seuls qui approchent du perfectionnement agricole, sont ceux qui font le plus de graines oléagineuses, sans qu'on leur conteste leur grande supériorité sur les bons procédés d'assolement. Et avant que la betterave fut venue augmenter les produits du sol de ces départements, les graines oléagineuses avaient fait les trois quarts du chemin, quant aux améliorations; donc, le membre qui raisonnait ainsi, au congrès, n'était pas d'accord avec les faits; il ne pouvait l'être qu'avec lui-même, s'il voulait priver notre Agriculture d'une grande ressource, pour favoriser la spéculation commerciale *à l'étranger.*

Est-ce l'épuisement des principes fécondants, par les graines oléagineuses, qui fait que le sol (du Nord) tant varié, est encore si productif? Est-ce *le manque d'intelligence agricole* qui a fait, que les sages agriculteurs de ce pays, ont persisté dans un système qui a fécondé leur caisse, autant que leur sol? Nous sommes fâchés d'entrer dans cette espèce de réfutation qui ne nous est suggérée que dans l'intérêt de l'art que nous défendons de toute notre âme et qui, quelquefois, malheureusement, n'est pas mieux compris de ceux qui le défendent, que de ceux *qui l'attaquent.*

Un journal que nous avons lu, ne nous a pas dit les raisons sur lesquelles on s'appuyait, lorsqu'on avançait que les graines oléagineuses détérioraient. Ce silence qui ne nous permet pas de combattre méthodiquement ces raisons, nous force à nous borner à opposer à cette opinion erronée l'heureux succès des pratiques agricoles dont une longue étude expérimentale justifie l'excellence.

Des hommes toujours occupés de la science, confondent les causes du manque de réussite, ne comprenant pas que la plus vraie, est l'inexpérience qui est souvent accompagnée en Agriculture, de l'absence d'intelligence spéciale; ils oublient encore que c'est souvent de ce que l'alternement des plantes ne se fait pas suivant leur nature et suivant qu'elles se nourrissent du fond ou de la superficie du sol, car il ne suffit pas de mettre la semence en terre pour se croire autorisé à conclure que la récolte est assurée : à chacun son métier.

Pour détruire complètement cette précieuse culture, on a avancé qu'il fallait lui substituer les plantes fourragères, ne sachant pas que celles-ci ne peuvent, dans un assolement raisonné, occuper que leur place et qu'elles ne doivent se reproduire *successivement*, que tous les quatre ans, par la raison qu'elles épuisent le fond du sol, surtout si on les laisse arriver à leur complète dessiccation sur pied. L'expérience nous a prouvé que les pois de toutes espèces souffraient encore quelquefois sur une terre qui en avait porté trois ans auparavant; par cette raison que la recomposition des matières nutritives, par les engrais, n'ayant lieu que par l'entraînement des parties succulentes de ceux de toutes natures, cette recomposition est plus lente que celle qui s'opère sur la superficie du sol, par le mélange de ces engrais avec la terre; ce qui fait qu'il faut le temps convenable pour recomposer les sucs nécessaires aux plantes à racines pivotantes : il faut au moins quatre ans pour certains sols et pour certaines plantes, tels que les pois, mais les prairies artificielles, dont les racines sont aussi pivotantes, pouvant leur succéder après deux ans, cela complète l'assolement quatriennal en changeant la nature du sol et permet l'intercalation des céréales tous les deux ans.

Ce qui prouve mieux la fécondité d'un sol : ce sont l'abondance des récoltes, l'opulence et la civilisation des campagnes, les recettes du propriétaire et du trésor : en cela le Nord ne le cède en rien au Midi, quoique beaucoup *de chimistes* s'occupent sérieusement d'activer les améliorations à désirer, dans cette dernière partie de la France.

Des économistes « ont appuyé (au congrès) le laisser-faire et le » laisser-aller, dans l'intérêt du consommateur, qui prendrait » ailleurs, ce qu'on ne peut produire à meilleur marché » : c'est justement de l'abaissement des prix, provenant de l'impossibilité pour le travailleur sans ouvrage; le petit commerçant sans débit, le petit (et même le gros) rentier, qui n'est pas payé; c'est justement cela, disons-nous, qui ferait que faute de consommation de ses denrées suffisamment vendues, l'agriculteur cesserait de produire sans que l'ouvrier ait plus de travail, le petit commerçant plus de débit, et que les rentiers soient mieux payés : hors ces quatre classes qu'est la population? N'y a-t-il pas là un enchaînement dont on ne peut ôter un anneau sans briser la chaîne.

Que le gouvernement vienne au devant des besoins de l'Agriculture, en la mettant à même, comme cela se pratique chez des peuples nos voisins, de se procurer des fonds au moyen des banques locales, afin d'échapper à l'usure et changer sa position. Alors en améliorant le sol et en en tirant des produits plus abondants et plus riches, elle pourra les livrer à meilleur marché; mais ce ne sera pas à des raisonnements purement théoriques que seront dûes ces heureuses améliorations.

Il est facile de faire de *l'Agriculture* dans le cabinet, quand on a l'esprit inventif et qu'on possède des notions théoriques sur ce bel art. Mais il en est tout autrement, quand il s'agit de mettre la théorie en pratique; car on a vu souvent les raisonnements les plus beaux, les plus séduisants en apparence, produire en Agriculture de bien tristes résultats : ce qui prouve dans ce cas, que le savoir faire, vaut bien le savoir dire.

Voulant remplir un devoir de bonne foi, nous serons peut-être accusé d'être alarmiste; mais qu'on nous en excuse, nous ne voulons que faire ressortir tout ce qu'a à supporter l'Agriculture, sans prétendre qu'il soit possible de remédier à tout; c'est une étude à faire. Nous voulons être utile à cet art, qui est notre élément et la vie des nations : n'est-ce pas l'Agriculture qui supporte les quatre cinquièmes des charges, ensuite l'industrie et par contre-coup, le travailleur? C'est elle qui paie en grande partie, l'impôt terrien mis à sa charge par le bailleur, à quoi est joint le coût du bail et les arrhes sans diminution du prix principal; c'est elle qui supporte toutes les intempéries des saisons; les orages, les inondations, les sécheresses, toutes les désolations occasionées par les insectes, destructeurs des récoltes; les maladies épizootiques, les prestations en nature, pour lesquelles, il faut l'avouer, le travailleur est pour sa bonne part etc.... etc.... sans que le propriétaire (les cas sont prévus) excepté le compatissant et celui dont le fermier se ruine, sans que le propriétaire, disons-nous, en soit passible; le capitaliste *s'en croise les bras* et l'usurier *en profite :* il n'y a pas pour l'agriculteur, comme pour d'autres industriels, des *moyens échappatoires;* il se ruine et ne refait jamais d'Agriculture : ainsi tombent des familles d'agriculteurs honorables, tandis que d'autres industriels grandissent *de leurs désastres apparents !*

Nous savons qu'il est impossible de remédier à tant de maux, que nous ne signalons que comme charges attachées à l'Agriculture tels ceux provenant de la nature; mais l'on peut en atténuer les effets, par des améliorations sensibles : voilà ce que nous demandons au nom de l'Agriculture dans l'intérêt de la propriété et du gouvernement qui ne doit souffrir en cela, que ce qu'il ne peut éviter.

Revenons aux améliorations agricoles. Ces améliorations seront lentes, par la raison que bien des gens parlent des divers systèmes, sans avoir fait d'applications suivies; chacun a le sien de prédilection et auquel tous les autres sont sacrifiés faute de pratique : ce n'est pas ainsi que nous arriverons à imiter les anglais, qui ont tant créé en Agriculture; là (en Angleterre) on a senti que les plantes fourragères n'avaient d'emploi utile, que secondairement, et qu'il fallait leur substituer les plantes légumineuses, pour ne pas voir le bétail languir et même périr, pendant l'hivernage, qui dure quelquefois les trois cinquièmes de l'année; aussi voyons-nous en France de si chétives races dans les localités où les prairies artificielles sont négligées ou méconnues; et, où encore la nature du sol les rend impossibles.

Ainsi, les plantes fourragères ne doivent venir qu'en aide pour les améliorations et comme principal fourrage; mais comme base d'assolement perfectionné et perfectionnement des races, tout milite en faveur des plantes légumineuses, contre les plantes fourragères : rien n'est plus facile que cela à comprendre; car ne sont-ce pas les légumineuses qui ont les principes nutritifs se rapprochant le plus des prairies données en vert? Aussi, en Angleterre, les champs sont couverts de navets *Rutabaga* et Turneps, pour nourritures d'hiver des troupeaux de vaches et de moutons, qui les consomment en partie sur place; et c'est à cette sage combinaison agricole que sont dûs ses beaux troupeaux et ses belles productions, comme le Nord de la France en est redevable aux résidus des graines oléagineuses et des betteraves.

En effet, quand un troupeau a passé quatre à cinq mois de l'année sur des prairies abondantes, ne comprend-on pas facilement que rentrant, souvent pour ne plus trouver à l'étable, que de médiocres fourrages, ne comprend-on pas, disons-nous, qu'il doit souffrir et perdre les avantages des nourritures vertes, surtout si le bétail est jeune; dans ce cas il se rabougrit, et s'il est âgé, il perd la chair et la graisse qu'il a faites, et il se retrouve à l'entrée de l'herbage, dans l'état où il était l'année précédente; ensuite, les fumiers qui ne proviennent que de nourritures sèches n'ont rien d'onctueux ou n'en fournissent qu'une faible portion, comparativement à celui qu'on retire de l'usage des légumineuses et du tourteau. La nature de ces engrais serait si précieuse pour les sols légers, sablonneux et secs du Midi de la France qui n'arrivera à aucune amélioration, s'il n'admet pas dans ses assolements les plantes légumineuses et huileuses; d'un autre côté, et sans imiter servilement les Anglais, nous pourrions étudier leurs systèmes agricoles, qui les mettent à même de profiter de notre ignorance dans cette branche d'industrie, comme dans beaucoup d'autres.

Il y aurait encore beaucoup à dire sur cette partie d'économie agricole; mais le découragement que donne le peu d'appui du gouvernement et des hautes classes des propriétaires, arrête l'élan; et puis, la résolution téméraire qu'il faut prendre, pour lutter contre de fausses théories développées avec talent par des hommes réellement savants, qui profitent de tout l'avantage que leur donne une brillante éducation, fera long-temps obstacle à la propagation d'une pratique, défiante et timide, qui aurait besoin du secours de la science, qui la dédaigne trop souvent, malheureusement pour le bonheur social; une belle phrase n'est pas toujours une bonne raison, cependant une bonne pensée a bien aussi son mérite.

LE COMMERCE ET L'AGRICULTURE.

Un membre a dit au congrès agricole, pour soutenir l'entrée des Graines oléagineuses, « qu'il ne fallait pas faire sa fortune aux

» dépens de ses voisins » (sans doute que par voisins, il n'entend pas *les Belges, les Allemands, les Russes ou les Egyptiens*, qui n'ont pas ces égards pour nous ?) Il a ajouté « qu'il ne faut pas » priver la savonnerie des ressources dont elle a besoin ; » nous sommes d'accord avec ce membre ; mais nous différons sur les moyens que nous ne trouvons rationnels qu'en augmentant les produits *de notre sol*, au lieu de les diminuer ; cela serait réellement national et *n'empêcherait pas la viande de nous arriver « sans la mendier à l'étranger »* (expression d'un membre du congrès) ; ce qui aurait lieu, si, dans la défense des intérêts agricoles, qui représentent ceux de la France entière, il y avait plus d'expérience et moins de raisonnements, qui, tout spirituels qu'ils sont, fourvoient les hommes pratiques et *encore plus ceux qui le font :* plaise à Dieu qu'un jour, il ne faille pour exprimer ses pensées, que la science *de se comprendre* et de se faire comprendre ; et, que l'on ne soit plus exposé à la critique d'hommes superficiels *qui ont le mérite*, de savoir tout écrire, sans pouvoir rien pratiquer ; seulement alors, toutes les connaissances solides et pratiques pourront se faire jour à travers les myriades d'hommes à prétentions, qui sont heureux de trouver une mauvaise expression, une faute d'orthographe, de français, et une erreur qui puisse faire repousser un travail solide et de conscience, dont le but, au moins, doit être respecté.

Il ne faudrait pas pour favoriser le bien être d'un peuple voisin et de quelques spéculateurs des ports, ruiner une grande portion de la France. Il est constant que l'introduction du Sésame et de l'huile d'olive étrangère cause le plus grand préjudice à l'Agriculture nationale et lorsqu'on se préoccupe du droit qu'il faut leur faire supporter, ce n'est pas tant le prix de revient du fabricant qu'il faut consulter, mais celui du producteur, lequel ne peut être bien apprécié par une chambre de Commerce, dont les intérêts sont souvent opposés à ceux de l'Agriculture, qui aurait besoin de sa chambre consultative, pour la défendre contre l'égoïsme du haut Commerce.

Au lieu d'exciter la méfiance des départements du Midi contre ceux du Nord, comme font certains journaux, il serait bien mieux de les rappeler à un intérêt unique et national et de faire comprendre aux uns et aux autres, que ce qui les désunit n'est que le fait de l'inexpérience et de faux principes, qu'on insinue en soutenant que le Midi ne peut être heureux qu'en ruinant le Nord : de là des représailles, tandis qu'au contraire, il est prouvé que l'un ne peut profiter sans l'autre ; l'union fait la force : mais pour cela, il faut une bonne foi réciproque.

Il est inutile de chercher à savoir si Lille emploie plus de graines oléagineuses étrangères que Marseille ; cela n'a d'intérêt que pour Lille et Marseille : il vaudrait mieux prouver que notre sol est susceptible de produire tout ce qu'il en faut, pour la consommation de la France et faire qu'il y ait rivalité pour atteindre ce but, qui n'est contrarié que par la routine et d'étranges préjugés.

C'est une amère dérision de dire, comme l'a dit un journal qui défend de fausses théories, faute de lumières sur la possibilité d'un mieux, « qu'il est proposé par des économistes des départe- » ments du Pas-de-Calais et du Nord, de protéger l'huile fabri- » quée à Lille avec des graines étrangères, contre l'huile fabriquée » à Marseille, avec des graines aussi étrangères » : l'on ne protége réellement le travail national, qu'en consommant ses productions et il ne s'agit point ici de protéger un travail local, contre un travail local ; mais de faire ce travail dans un intérêt national.

Oui ! « *Cette pauvre Agriculture* », ainsi que le dit ironiquement ce journal, « *a bon dos* », elle qui se soucie si peu, si Lille est d'accord avec Marseille, sur le plus ou le moins de trituration que ces villes font, des graines oléagineuses étrangères. Qu'y a-t-il de commun entre le Commerce qui fait venir les matières de l'étranger et l'Agriculture française ? Ne sait-elle pas que quand le Commerce l'appelle à son secours, c'est qu'il est à l'agonie ? Car il n'aime pas à contracter d'obligations envers elle ; elle en a assez la preuve dans la question des sucres, qu'il a fini par monopoliser au profit, *surtout*, du haut Commerce du Nord, au préjudice de son Agriculture ; comme pour le vin, au profit du haut Commerce du Midi. Ainsi l'Agriculture doit repousser (c'est l'intérêt de la propriété) toutes fausses données alléguées dans l'intérêt particulier du Commerce, quand il ne se sert d'elle, que pour en faire ce que l'on *a fait du chat;* ou pour embrouiller les questions qui seraient en sa faveur et celle de toute la France : qu'elle tienne à ce que ses intérêts ne soient défendus que par ceux qui les comprennent et non par ceux *qui ne savent pas la différence d'un binot avec un araire ou charrue :* ou que les notabilités des deux industries, se réunissant de bonne foi, traitent les questions dans un intérêt commun et national et par les hommes spéciaux des deux industries, qui devraient se réunir contre l'ennemi commun ; c'est ce que nous désirons sincèrement, comprenant la nécessité d'avoir un commerce riche, quand ce ne sera pas au détriment d'une Agriculture, qui est la base de toute prospérité.

Le sol peut produire assez de graines oléagineuses pour la consommation de la France ; il ne faut pas de chiffres pour le prouver ; il ne faut que confier de ces graines au sol, qui, à quelques exceptions près, est propre partout à les recevoir ; mais il faut ajouter à l'intelligence *spéciale*, le bon vouloir du gouvernement et des Chambres ; ce qui ne sera pas difficile, quand l'un et l'autre seront convaincus, par des faits, dont l'exposé sera provoqué sans doute.

Ce n'est pas par le Commerce, que l'Agriculture fertilisera le sol ; mais, c'est par l'Agriculture que le Commerce emplit sa caisse ; donc le Commerce a intérêt à soutenir l'Agriculture : l'entrée des produits étrangers n'améliore pas le sol national. La France a-t-elle besoin, dans l'état de production relative, où elle se trouve, qu'on exporte ses graines, ses filasses et ses bestiaux, pour qu'elle puisse prospérer ? Nous disons ; non ! Elle a besoin de consommation à l'intérieur et cela n'aura lieu que par son aisance qui est dépendante du travail national que, de son côté, elle doit alimenter : le Commerce ne peut avoir de chances favorables et durables que par la prospérité de l'Agriculture, qui doit être, pour lui, ce que sont les sources des cours d'eau, pour les bateaux et les usines : c'est du bien être agricole que dépend le bien être social ; ne pas marcher à cela, c'est aller en écrevisses et les économistes qui défendent *si vivement* l'Agriculture, feraient bien de reconnaître que le Commerce dépend d'elle, et non l'Agriculture du Commerce. Il faut produire avant d'avoir à vendre ; faisons de l'Agriculture et nous ferons facilement du Commerce après.

La force d'un état est dans son Agriculture ; si la guerre éclate, il a toutes ses ressources et toutes ses forces concentrées, il attend l'arme au bras ; il ne redoute pas les chances aventureuses d'une guerre maritime ; *il ne craint pas de perdre ses colonies ; ses cannes à sucre ; ses droits de douanes ;* sa force lui répond de son avenir : l'un, d'ailleurs n'empêche pas l'autre ; il le favorise, au contraire : quand l'on est indépendant, l'on ne redoute aucune éventualité. Le lion effraie le renard.

HAUT PRIX DE LA VIANDE.

Des chimistes et des économistes distingués ont essayé d'appliquer leur science à la défense de la liberté du Commerce, et sans connaître la cause *réelle* de la cherté de la viande, ils ont pensé qu'il n'y avait qu'à faciliter et favoriser l'entrée des bestiaux étrangers pour la faire baisser de prix ; mais quoique l'un d'eux ait été bon avocat dans cette plaidoierie devant le Congrès Agricole, le tribunal ne s'est pas laissé séduire par de belles paroles ; et heureusement, des hommes pratiques ont dérangé une combinaison qui aurait complètement ruiné l'Agriculture.

L'insuffisance et le haut prix de la viande, n'ont pas seulement leur cause dans ce qui a été signalé au Congrès : deux autres causes irrécusables y ont été, à peu près, omises ou traitées légèrement. D'abord l'Agriculture est gênée dans ses allures par de faux principes d'assolement qui empêchent l'augmentation des troupeaux, en proportion d'une population qui s'est créée des besoins nouveaux ; ensuite, le travail n'est pas rétribué *suivant les besoins;* de là, impossibilité pour l'Agriculture de fournir à meilleur marché, et privation pour le travailleur qui n'a pas l'argent suffisant pour acheter la viande, serait-elle à un prix inférieur. Quand le travailleur gagne de l'argent, le prix élevé de la denrée ne l'arrête pas, celui qui n'a que la besace pour ressource n'achète pas de viande ; produisez le travail *suffisamment rétribué* et la consommation amènera et favorisera la production.

Pense-t-on que l'entrée des bestiaux étrangers changerait cet état de choses ? loin de là, car cette introduction étant protégée par un abaissement de droits, nos éleveurs français seraient écrasés et par suite le travailleur des campagnes. Au lieu d'une baisse, la viande de boucherie pourrait subir une hausse, par l'obligation où serait l'engraisseur français de s'arrêter court : ce qui serait, pour le dire en passant, une honte pour la France, qui possède toutes les ressources nécessaires à un grand peuple, aussi industrieux que généreux et brave !

Ainsi notre Agriculture et les ouvriers, consommateurs de viande, perdraient à cette entrée de bestiaux qu'on demandait au Congrès.

Nous allons en outre démontrer que les consommateurs sont intéressés dans différens dommages qu'éprouve l'Agriculture et qui découlent des causes suivantes.

C'est d'abord dans l'élève de l'espèce chevaline, alors qu'on ne remonte pas notre cavalerie chez nous, quand il est prouvé, d'après toutes nos guerres, que la race de nos chevaux est au moins aussi propre aux évolutions militaires et aux fatigues que les races étrangères. Cependant si l'on accordait aux éleveurs français le prix qu'on paie aux étrangers, l'éleveur français serait encouragé et bientôt on verrait sortir de nos pâturages et de nos haras un bien plus grand nombre de bons et d'excellens chevaux.

Cette première cause de dommage exposée, nous allons passer aux autres.

C'est dans l'espèce bovine, par l'introduction actuelle des bestiaux étrangers, quoique frappés d'un droit à l'entrée.

C'est dans l'espèce ovine, par le bas prix des laines qui arrivent en France de tous les pays.

C'est encore dans les graines oléagineuses qui ne peuvent soutenir la concurrence avec les étrangères dont nos ports sont encombrés. Et n'est-ce pas le lieu de rappeler ici que l'éclairage au gaz a encore diminué la consommation de l'huile !

Peut-on d'ailleurs dissimuler que la création des machines qui a pu influer sensiblement sur la quantité de chevaux, a réduit et tend à réduire considérablement le travail de l'ouvrier de tout âge et de tout sexe.

De tout ceci, que conclure? Que si vous voulez avoir la viande à plus bas prix et en abondance, il faut s'occuper des améliorations agricoles, avant tout, pour avoir l'alimentation nécessaire à une plus grande quantité de bestiaux, du travail pour les ouvriers de tout âge et de tout sexe, afin qu'ils aient l'argent nécessaire pour acheter ce dont ils ont besoin, pour subvenir à l'entretien de leur famille; ce serait là, *incontestablement*, prouver que l'on entend les intérêts agricoles, que l'on s'occupe du peuple et que l'on a l'esprit national.

DU BÉTAIL. — RÉFLEXIONS.

Autrefois, le Pas-de-Calais se livrait exclusivement à l'élève du bétail ; aujourd'hui les améliorations agricoles qui sont loin d'y être arrivées à leur apogée, ont cependant donné l'idée de l'engrais des races bovines et ovines. Et n'est-ce pas au grand développement de la culture de la pomme de terre, que l'on doit aussi cette immense quantité de porcs gras qui empêche, à Paris, comme ailleurs, l'élévation illimitée du prix de la boucherie? N'est-ce pas au résidu des graines oléagineuses et de ceux de la betterave que l'on doit encore cette masse de bêtes grasses, partant du Nord de la France, pour Paris? Et ne sera-ce pas par l'introduction de la graisse et des graines oléagineuses étrangères que l'on amènera la ruine des départements du Nord, sans profit pour le Midi? De même, n'est-ce pas aux bénéfices énormes des bouchers des grandes villes et à l'assiette de leurs octrois, qu'y est dûe la cherté de la viande, puisque, dans l'intérieur de la France, et surtout où il n'y a pas d'octrois, elle est à meilleur marché? N'est-il pas ridicule de payer pour un bœuf de deux cents kilos, autant que pour un de six cents? c'est-à-dire, qu'ayant sûrement été plus intéressé, en nourissant trois estomacs au lieu d'un, l'on paiera encore les deux tiers d'octroi en plus, se fondant sur ce que c'est le moyen *de pousser à ne faire que de fortes races*, comme si tous les sols étaient propres à des améliorations que leur nature ne seconde pas; et comme si tous les bouchers avaient le moyen d'acheter de grosses bêtes; d'ailleurs, la grosse bête n'étant propre qu'à une graisse perfectionnée, que feraient les petits bouchers? ou plutôt, que feraient les 9|10mes des consommateurs s'il n'y avait que de gros bœufs en France?

Non, ceux qui pensent ainsi ne défendent pas l'intérêt du peuple, dont ils ne connaissent nullement la position, pas plus que celle de l'agriculteur; ils n'ont pour eux que le bon vouloir, nous aimons à le croire; mais cela est insuffisant pour cicatriser les plaies qui nous rongent; ensuite il n'y a guères de fortes races sans que les membres soient en proportion; et, que seraient-ce que ces races à demi graissées, pour le graisseur, le boucher et le consommateur? Le premier vendrait à perte; le boucher se ruinerait, ou le consommateur serait réduit à payer sa viande le prix de la bonne pour ne ronger que des os; tandis qu'en laissant à chaque nature de sol, ses races naturelles et *améliorées par elles-mêmes*, le petit cultivateur, qui ne peut que mal engraisser un fort bœuf, en perfectionnera un petit et chacun y fera son affaire. Au surplus, la nature du sol doit toujours indiquer la marche à suivre pour les races à adopter et l'on ne peut faire, à ce sujet, dans les landes d'Arcachon et du Mont-de-Marsan ce qui se fait à Lille et en Flandre; mais il y a des règles de proportions qui font que chacun dans sa position, peut avoir ses profits relatifs : ce n'est pas dans la taille qu'est le mérite de la bête destinée à la boucherie; c'est plutôt dans ses formes et sa nature : ainsi, l'on peut, en améliorant les races, par le choix des formes, arriver, par les races acclimatées, à un perfectionnement qui seul doit être durable.

DEUXIÈME PARTIE.

QUESTIONS SOCIALES ET FINANCIÈRES.

Salaire des ouvriers. — L'ouvrier sans travail. — Fausses inductions. — Dangers de l'avenir. — Moyens d'arrêter le mal. — Caisses d'épargne. — Midi de la France. — De la vigne. — L'octroi. — Question douanière. — De l'administration des biens communaux. — Répartition de l'impôt. — Prestation en nature.

SALAIRE DES OUVRIERS.

D'imprudents *prétendus amis* du gouvernement, pour combattre une opposition qu'ils disent systématique, exagérant le mal, l'ont fait par une véritable voie d'exagération en soutenant que le salaire des ouvriers était *plus que doublé ;* nous, nous affirmons sur l'honneur que cela est faux pour les contrées où il n'y a pas de grands centres d'opérations commerciales, et nous affirmons que chez nous et les trois quarts de la France, l'ouvrier des campagnes et des petites villes ne gagne que le prix ordinaire, c'est-à-dire, comme prix moyen, l'homme, un franc, la femme, cinquante centimes, par journée de travail, lorsqu'ils peuvent s'en procurer; ce qui fait que beaucoup de travailleurs seraient réduits à de grandes souffrances, s'ils ne pouvaient au temps des récoltes, changer de département pour aller chercher l'ouvrage où il se trouve; et si depuis 15 à 20 ans, l'agriculteur manque de bras, pour son service, c'est qu'il ne veut pas (ou ne peut pas) hausser le prix de la main d'œuvre, en proportion des besoins des travailleurs et des prix de location et de consommation; d'où certains travailleurs préfèrent la besace au travail non rétribué, suivant le besoin; ce moyen lui assure, du moins son pain, *sans trop le fatiguer;* c'est la ressource du paresseux. Il arrive alors que l'agglomération *forcée* de bras dans une commune rurale, loin d'être un avantage pour l'Agriculture devient une charge, car, l'agriculteur, ou tout autre, voulant en profiter en diminuant les salaires, diminue encore les moyens de consommation; alors, producteurs et consommateurs souffrent.

Comprend-on bien qu'un malheureux ouvrier qui gagne un franc par jour, puisse nourrir, habiller, chauffer, éclairer, lessiver, soigner sa santé, chômer les jours de fêtes ou de mauvais temps, les jours de manque de travail, payer sa location, ses impositions, faire des prestations, entretenir sa couche, celle de sa famille, *acheter son tabac;* comprend-on disons-nous, qu'il le puisse *avec un franc par jour?* Quant à nous, qui le voyons tous les jours, nous ne le comprenons qu'en voyant aussi ses privations.

Autrefois, la culture du lin dans nos localités, occupait en hiver, les femmes et leurs familles; à cette culture s'était jointe celle des graines oléagineuses, en général, ce qui amenait des travaux d'été, le sarclage et la récolte; aujourd'hui qu'il y a grande baisse sur les prix de vente, cette culture qui devait se propager rapidement dans nos départements, est considérablement diminuée et menace d'être abandonnée, si les graines étrangères et les filasses continuent d'encombrer nos marchés. Ici, une réflexion nous frappe; il faut que l'Agriculture en France, soit bien en arrière, pour que son prix de revient ne lui permette pas, sans frais de transports, ni de douanes, de livrer chez elle des denrées en concurrence avec l'étranger; ou, plutôt, il faut que les prix de location et les impôts soient bien minimes à l'étranger, les sols bien fertiles et les gouvernements bien protecteurs, pour que l'Agriculture y soit prospère; voilà ce qu'il serait bon d'éclaircir dans l'intérêt des améliorations en France.

La filature à la main n'existant plus que pour mémoire, les mères de famille et leurs enfants, ne peuvent plus seulement y gagner leur éclairage, ce qui oblige une mère, par économie, de se mettre au lit, elle et sa famille, dans les longues soirées d'hiver, au lieu de prendre comme autrefois, le rouet qui aidait le chef de la famille à subvenir aux besoins du ménage ; cette calamité, si on n'y pourvoit, aura encore pour résultat *inévitable* de livrer la jeunesse à la paresse, car, outre qu'il y a perte de la soirée, il y a celle de la matinée, le crépuscule ne se montrant que de sept à 8 heures l'hiver. Ces résultats sont fâcheux; et les machines, noble invention du génie de l'homme, *en le rabougrissant,* serviront en partie à lui ôter les moyens d'existence, ne faisant que le bonheur d'un heureux spéculateur, sur cent mille individus. Voilà un bien triste service rendu à l'humanité *dont on ne détruit pas l'estomac* en lui paralysant les bras ! C'est là malheureusement ce que nous réserve tout perfectionnement tendant à diminuer le travail et qui ne présente pas à côté, le remède propre à alimenter le produit d'une génération *qui s'éclaire et multiplie* à l'infini.

La filature à la main a tellement perdu qu'aucun tisserand, ni fabricant de bas, ne veut plus travailler ce fil, parce que le commerce ne l'admet plus dans la façon des toiles et des bas ; ainsi, admettant (ce qui n'est pas) que sur 50 communes il y en ait une qui possédât une filature pouvant occuper les ouvriers et ouvrières de dix villages, que deviendront les ouvriers des 40 autres communes ? La réponse est simple : ils mendieront si l'Agriculture ne remplit pas le vide ; est-ce bien le cas de vanter le perfectionnement des machines, s'il n'est pas devancé par le perfectionnement agricole, qui à lui seul vaut tous les autres ? Le grand malheur, en cela, c'est que nous avons mis la charrue avant les bœufs ; faisons donc de l'Agriculture, après quoi il nous sera permis de faire de l'industrie librement, économiquement par le perfectionnement des machines.

L'industrie de la laine a aussi subi sa crise, elle paraît se relever un peu de sa fâcheuse situation ; déjà l'espèce ovine est fortement recherchée, les éleveurs reprennent leur essor spéculateur et mettent de grands prix pour se procurer la bête propre à élever ; il serait bon qu'en pareille occurence le gouvernement sût à quoi attribuer ce changement, afin de favoriser ce qui peut mener aux plus grandes améliorations en Agriculture et être un point de mire pour le défrichement des landes où les troupeaux seraient si nécessaires pour améliorer le sol du meilleur engrais que l'on puisse se procurer.

Si le prix de revient des graines oléagineuses permettait à nos agriculteurs de continuer cette culture, les classes laborieuses des campagnes et des petites villes profiteraient de tous les travaux de préparation avant le complément de leur état de mise en usage : les semailles d'abord, les sarclages, la récolte, l'égrainage, et quant aux textiles, le rouissage, l'enlèvement des parties impropres à la filasse, la séparation de la soie de l'étoupe, et pour ce qui est des graines, leur mise en huile, etc...

N'y a-t-il pas là des ressources à ménager pour les classes laborieuses de tous les âges et de tous les sexes ? ressources que notre Agriculture perd aussi par l'importation, si elle ne peut plus produire, et qui privera nos ouvriers des travaux que cette culture exige.

L'OUVRIER SANS TRAVAIL.

Des hommes sans expérience, (ou des ignorants), ont prétendu que ce qui faisait le bonheur de l'ouvrier était le bas prix de la denrée; ils ont en cela raisonné faux; car la denrée n'est chère, *réellement*, que quand l'on manque d'argent pour l'acheter; c'est là, la position de l'ouvrier sans travail; et, de même, celui qui n'a *que cent mille francs*, trouve qu'une propriété qui en vaut trois cents, est trop chère.... *pour lui :* eh bien! il en est ainsi pour le malheureux ouvrier qui n'a qu'un franc, lorsque la marchandise dont il a besoin, en vaut trois ou quatre; et l'ouvrier ne serait pas encore plus heureux, si la journée étant chère, il n'y avait de travail que pour la moitié du temps qu'il peut employer : il faut faire la part du vendeur et de l'acheteur.

Ainsi, que faut-il à l'ouvrier pour qu'il puisse vivre et acheter, ce dont il a besoin, lui et sa famille? Du travail, à lui, à sa femme et à ses enfants, au-dessus de huit ans, suivant leurs forces; et, non encore, pour un jour de la semaine; mais, pour toute la semaine : ce n'est pas une fabrique et ses machines, dans un canton, qui en donne à tous les malheureux; mais, bien toutes les terres, si elles sont utilisées suivant leur nature; ce qui n'aura jamais lieu, en privant, nos agriculteurs et petits propriétaires, des ressources que présentent les plantes oléagineuses et textiles ; telles que le lin, le chanvre, le colza, l'œillette et autres graines semblables qui seront chassées de notre sol, par les productions étrangères, dont le bas prix empêche notre concurrence ; l'Agriculture française n'étant pas dans une position relative aux avantages qu'ont les agriculteurs, chez nos voisins.

Ce ne sera pas le déboisement, qui privera le bûcheron de son travail habituel et, plus tard, toute la France d'une ressource immense, en combustible et bois de construction, ce ne sera pas, non plus, l'extraction désordonnée de la matière tourbeuse, dans les marais communaux ; ce ne sera pas, disons-nous, ces choses qui amèneront les améliorations que poursuivent, sans relâche, les hommes sincèrement amis de l'humanité et de l'ordre.

Ensuite, une grande perte de ressources pour les classes ouvrières et indigentes ; c'est la privation de l'usage qu'avaient ces classes de profiter dans les bois de l'Etat et des particuliers, du fruit du chêne et du hêtre, c'est-à-dire, du gland et de la faîne, ainsi que de l'élagage du bois, comme du sciage de l'herbe ; produits qui rentrent maintenant dans la caisse du propriétaire par la rétribution qu'il exige d'une *partie de privilégiés*, pour la conservation d'un droit qui paraissait garanti par le temps.

FAUSSES INDUCTIONS.

Cela est loin de prouver ce qu'avançait un journal, le 23 novembre 1843, que les classes ci-dessus désignées profitent des améliorations sociales, dont jouissent certaines gens ; et ce qui sera loin aussi d'amener la répression de la mendicité, le malheur d'une grande portion de la société et le déshonneur des hommes qui doivent remédier à cette plaie sociale et qui pour la tranquillité *de leurs bonnes ames*, supposent que l'ouvrier qui va nu-pieds l'été, à sabots l'hiver, buvant de la piquette ou de l'eau dans les trois quarts de la France, se suffisant à lui et à sa famille avec le pain bis, faute de pouvoir se procurer la viande et le beurre, supposent, disons-nous, qu'il est parfaitement heureux ! Cela s'admet sortant d'une table bien garnie de plats et de bouteilles ; mais jamais sortant du réduit d'un malheureux. Et avec la meilleure foi du monde, des gens ont répété que « l'indigence, le » malheur et la souffrance sont souvent les causes les plus immé-

» diates des délits et des crimes » ; c'est une grave erreur qui est prouvée par les faits et il faut laisser à la pauvreté le seul avoir qu'elle peut revendiquer à l'égal de la fortune; sont-ce ces causes qui ont produit les Mingrat, les Lafarge et autres semblables? n'y a-t-il pas eu assassinat par un médecin sur son beau-père, *Maire de Villedieu?* n'y a-t-il pas des crimes d'état? n'y en a-t-il pas qu'il n'est pas permis de révéler sans s'exposer à subir les conséquences d'une imprudence? Ce n'est donc pas « la misère qui est » la pépinière des crimes » ; mais bien la débauche, l'orgueil et la rapacité, détruisez les causes et vous n'aurez plus d'effets.

L'humanité réclame la destruction du paupérisme, afin que la nécessité ne soit pas autorisée à contraindre la loi ; mais il y a oubli d'un devoir religieux, en lui imputant les crimes qui se commettent, il ne doit en supporter que ce ou'il lui en revient comme partie du corps social; commencez par guérir la tête et le cœur et vous traiterez facilement les membres après. Abolir le paupérisme par un perfectionnement social, c'est un devoir; mais il ne faut pas que ce soit pour lui enlever une tache qu'il n'a pas : *pauvreté n'est pas vice.* Il serait injuste, en tous cas, de comparer les mœurs corrompues d'une partie des ouvriers des grandes villes, avec celles des honnêtes travailleurs des campagnes qui restent attachés à leurs familles, à leur travail et leur pays; mais seulement à ceux que le brigandage et l'immoralité forcent à aller se cacher dans la foule des pervers des villes *(où ils se perfectionnent)* et auxquels ils se réunissent quand il s'agit d'une bonne curée.

DANGERS DE L'AVENIR. — MOYENS D'ARRÊTER LE MAL.

Plus que jamais, il y a urgence de s'occuper des calamités qui menacent la France et l'ordre social : de grands travaux sont en voie d'exécution; les fortifications de Paris et les chemins de fer : après leur complète confection que deviendront ces masses de travailleurs, en grande partie, fournies par l'immoralité, la débauche et la paresse, qui vont là se retremper aux sources les plus impures et les plus criminelles? ce qu'elles deviendront si on n'y pourvoit à temps? elles se répartiront sur tout le sol de la patrie, gangrèneront tout le corps social inoccupé et bouleverseront tout ce qui leur fera obstacle.

Pour éviter le fatal coup qui menace la société, il faut créer et organiser le travail en faisant qu'il n'y ait plus de friches en France, ce à quoi on ne peut arriver promptement que par l'expropriation des landes communales au profit de toute la France, par là, l'on amènerait le bien-être général et la répression de la mendicité ; tous autres moyens ne seront que des palliatifs et l'avenir le prouvera, peut-être, pour le malheur d'une grande nation qui possède tout ce dont elle a besoin pour être heureuse et donner de sages leçons à tous les peuples.

Mais, disent certains rigoristes, sans portée dans l'esprit, comment enlever aux communes des propriétés qui leur appartiennent depuis un temps immémorial ? Je leur demande, moi, comment il se fait, tous les Français étant *également* obligés aux impôts, même à celui du sang, que des communes ont plus de terres qu'elles n'en peuvent exploiter, tandis que d'autres qui contribuent à toutes les charges de l'état, n'en ont aucune ? La loi naturelle qui est, dans son organisation morale, la loi divine, indique aux gouvernants ce qu'ils doivent faire, et n'est-ce pas d'après ce principe que la loi du partage en famille, au premier degré, s'est réglée ? Comment le gouvernement ose-t-il prononcer des expropriations pour toutes les lignes de chemin de fer et même pour d'autres chemins ? C'est qu'il y a utilité publique et que l'expropriation ne s'opère qu'au moyen d'une indemnité proportionnée aux dommages causés. Ainsi, en laissant aux communes un revenu égal à celui qu'elles obtiennent, le gouvernement a le droit, dans l'intérêt de la grande famille, d'utiliser ce qui ne sert à rien, ou il doit prendre l'initiative et forcer les communes à défricher leurs landes elles-mêmes, pour rendre à l'État les ressources qu'il a le droit d'exiger, dans un intérêt national. Ces communes ne seraient pas exclues du droit commun. Il est une loi sage, d'ailleurs, qui ne permet pas au propriétaire de laisser son champ inculte.

Il faut, dit-on, laisser faire les communes : quoi ? et quand ? *Dans mille ans et plus,* si elles sont abandonnées à leur propre œuvre d'égoïsme d'intérêt local : n'avons-nous pas vu des propriétaires laisser leurs terres en friches, parce que, voulant 20 fr. de location, l'on n'en offrait que 19 ; et quoique cela soit inhumain, de fortes raisons le feraient croire de la part des communes. Il serait bien plus naturel et plus national de remédier au mal, de suite, par l'action des grands pouvoirs de l'État qui sont les représentants et les gardiens de la chose publique, laquelle ne peut pas être assimilée à la chose particulière.

Nous savons que l'égoïsme et l'envie de conserver ce que l'on tient, feront objecter par certaines gens que « le défrichement des » landes et des terres en friches, sera incontestablement profitable à la nation, que dès-lors il doit être encouragé ; mais, cela » serait-il, pourra-t-on nous demander, un remède aux souffrances de l'Agriculture *du Nord?* car plus il y aura de terres cul- » tivées, plus il y aura de produits ; plus, dès-lors, leur prix » baissera. »

D'abord, il faut, en tout cas, que l'intérêt général l'emporte sur l'intérêt particulier : le Nord n'est pas la France ; ensuite l'agriculteur moins gêné *dans ses ébats*, pourra s'agrandir sans être obligé d'augmenter, *proportionnellement*, la dépense de sa maison ; et, s'il gagne un peu moins sur un hectare, les bénéfices de deux compenseront : si sa famille est grande, il aura l'avantage d'en pouvoir produire une partie, dans l'opération du défrichement, ou en la place de ceux qui prendraient ce parti : si la location ne diminue pas, ce qui est probable, du moins, il y aura un temps d'arrêt qui permettra au perfectionnement agricole de se faire jour. Plus il y aura de terres cultivées, plus il y aura d'aisance et ce n'est pas l'abondance des produits qui en fait la baisse, c'est le défaut de consommation ; aussi, presque toujours après une abondante récolte de fourrages, le cultivateur, comptant trop sur ses ressources, manque de nourritures aux approches d'une nouvelle récolte ; et, quand le travailleur gagnera, il consommera en proportion, et *en ménageant l'ouvrage :* ne voit-on pas des ouvriers, en ville, gagner cinq et six francs et n'être pas plus à l'aise, que celui qui en gagne un ? Ce qui se gagne facilement, se dépense de même : la baisse dans les prix de vente sera compensée par beaucoup d'avantages, qui résulteraient de l'aisance de la classe ouvrière, qui travaillera, au lieu de se reposer la moitié du temps et de végéter l'autre, ou de mendier ; ce qu'une grande nation ne peut plus tolérer, au milieu des moyens de répression qu'elle possède.

CAISSES D'ÉPARGNES.

On conçoit que les fortunes modestes, les petits rentiers, tant à la ville que dans les campagnes, que les domestiques, les ouvriers des *villes*, ainsi que tous ceux qui y vivent d'un salaire modique et journalier, s'adressent aux caisses d'épargnes. Cela est d'un effet satisfaisant pour la société, car cette institution n'est pas moins utile au bien-être moral qu'au bien-être matériel. Celui qui prend l'heureuse habitude de déposer à la caisse ses économies hebdomadaires, cesse de fréquenter le cabaret, le lundi si l'ouvrier y dépense 1 fr. 50 et qu'il en gagne autant en travaillant, c'est une perte de 3 fr., sans compter que le mardi il est mal dispos et que le travail lui pèse. En fréquentant le cabaret le lundi, l'ouvrier de la ville perd donc 3 francs. Cependant s'il était bien pénétré que l'ordre et l'économie sont des devoirs pour tout le monde et qu'il plaçât à la caisse d'épargne les 3 francs dont on vient de parler, lorsque le travail lui manquerait ou qu'une maladie viendrait l'atteindre, il saurait où s'adresser pour trouver sûrement des ressources, en attendant du travail ou son rétablissement. En examinant la question sous une autre face, la perspective est bien plus belle. En supposant que l'ouvrier n'éprouvant ni maladie ni interruption dans le travail, économisât pendant 40 ans 3 fr. par semaine et qu'il les plaçât à la caisse d'épargne, il finirait par arriver à un capital de 9,000 fr. !

On voit par ce peu de mots combien les caisses d'épargnes sont une institution utile et salutaire ; mais est-il permis de penser, d'après ce que nous avons dit de la rétribution accordée à l'ouvrier des champs, que cette institution puisse réagir sur son bien-être. Le tableau que nous avons tracé de ses privations, n'est que trop réel. Comment pourrait-il porter ses économies à la caisse d'épargne, lorsqu'en menant une conduite régulière et en travaillant, l'été, depuis 4 heures et demie du matin jusqu'à huit heures du soir, il gagne à peine de quoi subvenir à sa subsistance et à celle de sa famille ! Mais la mise en culture des terres en friches, en nécessitant un immense développement dans le travail, procurerait, au moyen des émigrations, plus de ressources à notre classe ouvrière rurale qui, toujours sage et économe, pourrait aussi alors s'adresser à la caisse d'épargne. C'est alors aussi que la France se mettrait sur la voie de pouvoir nourrir, ainsi que l'a prouvé feu M. Mathieu de Dombasle, 50 millions d'habitans au lieu de 34.

MIDI DE LA FRANCE. — DE LA VIGNE.

Pour nous qui avons vu le Midi de la France, nous ne craignons pas de dire que le mal qu'il éprouve est dans la disproportion qu'il y a entre la quantité de terres mises en culture et les vignobles ; que ces vignobles, en trop grande quantité proportionnelle, absorbant le peu d'engrais que produisent les céréales, et retenant à elles les ouvriers, ruinent l'Agriculture qui languit dans le Midi, faute de substances végétales pour l'amélioration des terres en culture alterne : de là, gêne pour le producteur de vins et découragement pour les agriculteurs en général. Nous disons donc qu'il y a trop de vignes toutes proportions gardées, et que loin de donner l'idée de les augmenter, il faudrait faire comprendre que l'on devrait en supprimer et remettre ces terres en culture alterne, afin d'en revenir à l'état normal ; car ce qui ruinera toujours les terres en culture dans le Midi, ce sera la vigne qui prend sans rendre et qui, en outre, détourne l'intelligence agricole à son profit. Il serait heureux que notre Agriculture améliorée par de nouveaux procédés et secondée du gouvernement, pût prouver qu'il y a profit à faire moins de vignes et plus de culture alterne, même dans l'intérêt des vignobles actuels, qui en viendraient à ce système, s'ils comprenaient bien leur avenir.

L'OCTROI.

L'exagération des droits sur les vins est, comme pour tout ce qui en est atteint, une des causes qui écrasent les propriétaires de vignes ; mais, ce n'est pas la principale qui est, comme nous le disions, dans la trop grande abondance de plantations, proportionnellement à la consommation intérieure, qui est toujours la meilleure et la plus durable. Il faut cependant reconnaître que les octrois font un grand mal aux vignobles et l'on ne devrait pas admettre, en général, que les entretiens et embellissemens des villes, pour la contemplation des oisifs, pussent continuer de se faire aux frais et par la sueur du producteur, à moins de marcher à la destruction complète des améliorations agricoles. Car la ville pourrait augmenter l'octroi, sans mesure, pour subvenir à des dépenses purement locales, ce qui serait mieux et plus équitablement réglé par un impôt spécial qui arrêterait la profusion. Il importe peu au peuple, en général, qu'il y ait du luxe dans une ville et qu'elle en ait tous les avantages, si son existence à lui et son commerce en souffrent. Ce qui ne flatte que l'œil, ne satisfait pas le corps.

Nous savons que les villes ont des obligations qui naissent de leur position, mais ces obligations sont pour leurs intérêts privés, et n'ont, le plus souvent, aucun rapport avec les besoins de l'Agriculture, qui paie sa rétribution par l'alimentation commerciale en se portant plus librement où il y a avantage et profit pour elle. L'abolition, ou *tout au moins* l'extrême diminution de l'octroi, diminuerait le prix de consommation pour les classes laborieuses et mêmes pour toutes les classes, dans la proportion de la réduction des charges que cet impôt vexatoire alimente : ce qui remédierait à bien des maux.

Sans doute que c'est avec une grande précaution qu'il faut toucher au système d'impôts, mais cependant, il le faudra un jour, car quand une chose est mal ordonnée, il faut y remédier nécessairement, et partout où l'octroi a été supprimé la gêne a cessé et la denrée y a diminué de prix, quoiqu'on en dise ; malheureusement, celui qui est frappé est injuste et ne veut pas reconnaître que ce qu'il paie d'une main lui rentre par l'autre. On sait que le rentier est en apparence plus chargé où il n'y a pas d'octrois, mais en réalité il en est indemnisé par la facile rentrée de son revenu, qu'il *a soin de grossir* à mesure que les améliorations agricoles se développent ; comme il profite, par le meilleur marché de toutes les denrées de consommation après leur libre entrée ; l'octroi n'est, à nos yeux, qu'une entrave à la liberté du commerce ; une voie ouverte à la fraude, d'un côté ; à l'abus de pouvoir et quelquefois à la concussion, de l'autre ; les frais qu'engendrent ces impôts sont, d'ailleurs, énormes. C'est au gouvernement dans sa sagesse à bien étudier les questions et la situation des choses, et aux chambres à l'appuyer dans toutes les améliorations qu'il pourrait présenter à ce sujet et sur tant d'autres qui sont en souffrance. Les laisser dans l'état où elles se trouvent, c'est éterniser les plaintes, favoriser l'esprit de désordre et s'exposer à des catastrophes qu'il est urgent de prévenir. Le bien ne se produit pas en un jour. Toutes les questions qui exigent une surveillance irritante à l'intérieur, sont à redouter autant que le partage égal d'un bien-être, entre personnes qui n'y ont pas le même droit ; la confusion des intérêts français aux intérêts belges, par l'union douanière, aggravera encore la position, surtout sous le rapport agricole. Nous allons dire, quand même, notre pensée et nos craintes à ce sujet, ainsi que sur un point qui est à notre portée.

QUESTION DOUANIÈRE.

Prévenu contre la question douanière qui est maintenant dans le monde à l'ordre du jour, nous nous abstiendrons d'en parler longuement, n'ayant fait aucune étude de détails à ce sujet; nous nous bornerons à manifester nos craintes sur un point principal en Agriculture.

L'assurance qu'à la classe des agriculteurs belges dans les réussites agricoles, lui permettra de hausser le prix des résidus de nos graines oléagineuses fabriquées en France, et de nous les enlever aussitôt que nos fabriques les auront triturées. En perdant nos résidus des fabriques à sucres qui se ruinent, nous perdrons encore ceux-là. Si les cultivateurs des départements du Nord demandent que les droits à la sortie des tourteaux pour la Belgique soient augmentés, n'avons-nous pas vu les fabricans d'huile de ces mêmes départements en réclamer, au contraire, l'entrée libre en ce nouveau royaume, tant cette sorte d'engrais y est recherchée? Ainsi, au lieu de voir le perfectionnement de notre agriculture s'étendre vers le Midi où le tiers du sol est encore en friche et le reste à l'état d'enfance, nous verrons les riches Agriculteurs de la Belgique, qui n'ont qu'à entretenir la bonté de leur sol *amélioré*, nous les verrons, disons-nous, nous enlever les produits qui nous servent, non-seulement à la fumure de nos terres et au perfectionnement de notre Agriculture, mais encore à l'engrais et à l'amélioration de nos races bovines et ovines; après avoir donné la filasse et la graine, nous verrons ces engrais tourner au profit d'un sol étranger qui nous sera d'autant plus nuisible, qu'il sera plus près *du seul coin* de la France où l'Agriculture a fait son plus grand pas; car, nous le disons encore, le Midi est dans un état désolant, sous ce rapport.

Qu'on y prenne garde, la prospérité de l'État dépend de la prospérité du sol et nous en avons les moyens en main; mais il faut se prémunir contre l'antipathie naturelle existant entre le commerce extérieur et l'Agriculture écrasée, non sous les coups qu'on lui porte, à découvert, mais faute d'être défendue avec une égale force de raisonnements spéciaux et pratiques : loin de nous, cependant, l'idée de jeter le blâme sur la loyale défense du petit nombre d'agriculteurs, que nous avons à la chambre ; seulement, qu'il nous soit permis de désirer que leur nombre y soit augmenté, afin de faire comprendre aux hommes qui ont la spécialité commerciale, que l'Agriculture et le Commerce ont souvent des intérêts qui doivent être traités par chaque spécialité. Pour concilier utilement ces intérêts de part et d'autre et pour que la justice puisse être bien démontrée, il faut donc aussi que de part et d'autre, il y ait une égale force numérique.

Comme compensation aux pertes que ferait notre Agriculture et par la même raison, la classe ouvrière des campagnes qui, avec elle, représente les sept dixièmes de la population en France qui a déjà perdu, ainsi que nous l'exprimons plus haut, la filature à la main et qui est à la veille de perdre ses fabriques de sucre et d'autres, comme compensation, disons-nous, on nous promet la houille et le fer à meilleur marché, ce qui importe peu aux classes souffrantes ; d'abord, pour diminuer le prix du combustible dans l'avenir, il ne faudrait plus permettre de défrichement de bois, ni l'emploi abusif de l'extraction de la tourbe dans les marais communaux. Il faudrait protéger la petite houillère, contre l'envahissement de la grande ; ensuite, que signifie pour un ouvrier que le fer soit à bon marché ? L'usage qu'il en fait est si minime, qu'avec 14 à 15 francs il a ses meubles essentiels pour de longues années ; en supposant 5 francs pour entretien annuel, ça lui fait vingt francs, sur quoi il pourrait gagner un cinquième *chaque année, s'il y avait grande baisse ;* mais qu'en résultera-t-il, s'il ne gagne pas pour en profiter, n'ayant pas de quoi se nourrir et sa famille ? qu'il mourra de faim à côté de la baisse.

Ce n'est donc pas pour la classe ouvrière de ces choses qu'il faut s'occuper ; mais il faut s'occuper de lui donner assez de travail pour son existence, celle de sa famille et l'achat de tous les objets de première nécessité ; parmi eux le sel tient le premier rang, cela la rendrait heureuse en la moralisant.

Il n'y a pas, non plus, compensation pour l'Agriculture si l'on prend la peine d'examiner la question dans tous ses détails : puis, on vous dit, vous aurez un débouché pour vos vins, dont le bas prix ruine vos vignobles : ce n'est pas le bas prix qui ruine, ce sont les droits et le défaut de consommation à l'intérieur : augmentez le travail national, vous augmenterez la consommation ;

diminuez les droits et le vin sera assez cher. Avant de traiter une maladie, il faut en connaître le siège ; c'est ce qu'un bon médecin étudie. Et, le jour où vous aurez ouvert vos barrières à la douane, entre la Belgique et la France, vous n'aurez que pallié le mal, en ruinant beaucoup d'autres industries ; car la loi nouvelle ne sera pas sortie, que le peu de terres restées en culture des céréales, dans le Midi, se couvrira de nouvelles vignes et que le mal prendra une nouvelle intensité : il en serait alors de la vigne comme de la betterave ; la mort serait la suite de cette œuvre. Ici, peut-être, nous objectera-t-on, quant à la vigne et relativement à la suppression, ou à la grande diminution des octrois, que nous ne sommes plus d'accord avec la proposition de la soulager de ce droit, qui l'engagerait à de nouvelles plantations : l'intérêt de la vigne n'est pas le seul engagé dans la question d'octroi ; et il vaut mieux en favoriser *un*, que d'en écraser *cent*.

D'ailleurs, ce qu'elle gagnerait en droit elle le perdrait en exportation, ensuite qui assurera la France de la loyale exécution des lois de douanes, quand nos employés seront à l'extrême frontière et sous l'influence captieuse de puissances jalouses de la prospérité de la France.

Si le vin enchérissait, que boirait la classe ouvrière du Midi ? et nos malades des classes inférieures du Nord qui n'ont déjà pas le pouvoir d'en tâter ? N'est-ce pas une désolation de voir que toujours on met l'emplâtre à côté de la plaie ? Poussez au développement agricole et vous trouverez le remède que vous chercherez toujours en vain si vous restez dans vos fausses théories ! Faites que tout le monde puisse boire du vin et vous ne déplairez pas à l'auteur de tout. Nous passons à une autre question.

Nous avons déjà, en plusieurs occasions dans ce petit travail, signalé les abus dans l'administration des biens communaux, cette question en valant bien la peine, qu'il nous soit permis d'y revenir, de développer nos idées sur les modifications à y apporter et sur les moyens probables d'arriver à une plus juste répartition de l'impôt et des charges qu'il entraîne, suivant la valeur relative et réelle du sol.

DE L'ADMINISTRATION DES BIENS COMMUNAUX.

L'administration des biens communaux n'est rien autre que

l'administration des biens des mineurs ; ils doivent être régis et surveillés de même, c'est ce qui n'est pas exécuté et peut-être pas exécutable, sans un nouveau mode plus approprié à la nature de la propriété. D'abord, dans presque toutes les communes, il y a des systèmes différens d'administration, quoique la loi soit la même pour toutes; mais chacun, interprète à sa façon, et il y a des moyens, à la formation des budgets, d'échapper en partie à la surveillance de l'administration supérieure ; de là naissent les abus que nous avons déjà signalés, (voir page 18). C'est à cet abus qu'il faut remédier, cela est facile avec la volonté de le faire. Cette grande question, qui doit aussi contribuer à la répression de la mendicité, a été fortement controversée dans toutes les discussions qu'elle a amenées devant les conseils généraux, 1° les uns veulent l'aliénation ; 2° d'autres le partage ; 3° beaucoup, la conservation de ce qui existe pour conserver les abus ; 4° d'autres, enfin, la location avec partage des fruits.

1° L'aliénation ne doit jamais être permise où il n'y a pas surabondance de terrains communaux, car ce serait disposer de la chose d'autrui sans nécessité pour le corps social. Les biens communaux appartiennent aux générations, *successivement*, a moins qu'il ne soit prouvé que les ressources manquent à la commune, pour les rendre productifs ; alors, l'intérêt général doit prévaloir, et la vente de la portion, excédant les besoins, devrait être permise et même exigée dans l'intérêt de la commune, du trésor et de la France, qui perdent leurs rentrées.

2° Le partage ne peut avoir lieu sans compromettre l'avenir des classes indigentes des communes, car ces biens ne tarderaient pas à changer de mains, après avoir donné des goûts nouveaux à ceux qui les prendraient, ce qui créerait de nouvelles charges pour les communes, en les appauvrissant.

3° Le maintien de ce qui existe ne peut durer plus long-temps, le gouvernement, protecteur des intérêts de tous, devra y apporter remède. Il ne se laissera pas circonvenir par ceux qui ont le moyen de présenter l'attaque, sans crainte de rencontrer la défense. Nous n'avons signalé qu'une minime portion des abus qui existent dans l'administration des biens communaux, il y en a tant, de si criants et de si détournés dans certaines localités, qu'il faudrait beaucoup rechercher pour les signaler tous, surtout où il y a extraction de tourbes. Il faut les détruire en changeant de système.

4° La location avec partage du produit est aussi demandée ;

des conseils d'arrondissement en ont émis le vœu et présenté des rapports sur cette matière. Ces rapports ont été écartés sans déduction de motifs et sans discussion approfondie. De tous ces moyens c'est le plus juste, car celui qui ne possède que la besace, pourrait louer jusqu'à concurrence de son droit de capitation, qui lui servirait à acquitter son prix de location, et les locations étant faites au cri public, par devant notaire, les duperies disparaîtraient, et au moyen d'une commission cantonnale prise hors des lieux d'extraction, le tout serait réglé suivant la justice et le désir de l'administration supérieure, qui est dupe de l'ordre existant.

Quelle pourrait être l'objection à apporter à ce système d'équité, si ce n'est qu'il contrarierait les égoïstes et ceux qui profitent de l'inégalité des avantages? car qui profite des propriétés communales si ce ne sont ceux qui peuvent y envoyer paître leurs bestiaux, ou qui ont le moyen de subvenir aux frais de la récolte des fruits; tels que l'extraction de tourbes et autres semblables? Celui qui profite le plus, est le plus fort propriétaire de bestiaux et ainsi en descendant proportionnellement. Les frais d'administration, de garde champêtre, de construction de presbytère, d'école, de maison commune, et de réparations d'église, ne sont-ils pas supportés par les biens communaux où il y en a, sans avoir égard au droit de capitation, qui veut que chacun ait part égale dans les produits? Ici le pauvre qui ne profite pas, paie pour le riche; pour s'en convaincre, il suffit de voir comme les dépenses se paient dans les communes où il n'y a pas de ces biens; elles se répartissent au marc le franc sur le montant des contributions, cela est équitable, et pourquoi n'en est-il pas ainsi partout?

Si les biens communaux étaient loués, il n'y aurait plus de mendiants dans ces communes, car ils devraient travailler pour exploiter leur part, et ne seraient-ils pas heureux de jouir en propriétaires, puisque chacun a un droit sur le bien commun. Ces raisons seules militent en faveur de la location, avec répartition du produit sur chaque individu, pour être employé suivant ses besoins et ses vues.

RÉPARTITION DE L'IMPOT.

Depuis long-temps l'on réclame une répartition équitable de

l'impôt et à l'occasion de la sous-répartition, de nouvelles réclamations ont été faites sur le mode vicieux de nomination des répartiteurs communaux, qui ne sont que la représentation du caprice de chaque maire, qui peut impunément confier des intérêts généraux à des hommes à vues étroites et égoïstes. Nous pourrions citer des communes où les répartiteurs sont *tous* parents ou alliés du maire, et d'autres où ce sont ses *créatures;* « cela est » vrai, mais dit-on, un agent du gouvernement est présent aux » travaux de la Commission : » qu'y a-t-il de commun avec cet agent, qui n'a que ses connaissances spéciales et ne possède pas celles qu'il faut pour distinguer les qualités si variées des diverses portions du territoire d'une commune? Ce n'est d'ailleurs, pas faire injure, à certains maires, que de leur dire que dans la commune, celui qui est le plus capable d'un bon choix, *c'est la commune par son Conseil Municipal*, où le maire a sa voix et les plus hauts cotisés. L'abus que nous signalons, dans la manière de répartir les charges publiques, n'est pas le seul et il serait bien à désirer, dans l'intérêt de la nation, du gouvernement et de l'ordre public, qu'on y apportât remède. Ce qui serait facile, en redressant des erreurs commises d'après un faux point de départ.

Le cadastre même n'a pu le faire que sur de fausses bases; car, il n'y a eu aucun rapport, entre les évaluations d'une commune, à une autre; de sorte, qu'un sol fertilisé, d'une valeur vénale et locative élevée paie, quelquefois, moins d'impôts qu'un mauvais, suivant que les répartiteurs ont été plus ou moins loyaux, ou, *plus ou moins habiles*. Toutes les communes, d'ailleurs, ne peuvent pas fournir des hommes propres à cette délicate mission. Cela est si vrai qu'il en est, où l'on a peine à trouver un maire, qui ne pourrait être capable *de choisir mieux que lui-même*.

C'est pour faire cesser cet état de choses, que l'on proposerait une Commission cantonnale, créée pour surveiller les travaux des répartiteurs communaux, étudier les réclamations des administrés, vérifier ces travaux dans leurs rapports de commune à commune et rectifier les erreurs que le cadastre *a reconnues* dans le travail général, qui a fait voir, que des communes avaient agi dans un intérêt particulier et compromis l'intérêt de celles, d'entr'elles, qui avaient été loyales, en élevant leurs propriétés à leurs justes valeurs.

La sous-répartition n'a pu être faite équitablement, en prenant pour base, celle suivie par le cadastre; car les erreurs qui existaient, subsisteront encore : à la vérité, le cadastre n'a opéré que sur des évaluations faites sans ordre et par les méthodes anciennes établies dans un intérêt local basé sur des idées d'égoïsme. Et nous pensons que rien ne peut être exact, sans un mode uniforme, pour toute la France et sans que des commissions cantonnales soient nommées, pour examiner, dans chaque commune : 1°. la marche suivie pour l'évaluation ; 2°. la nature du sol et les débouchés créés ou à créer pour la vente des denrées ; 3°. le prix réel de la valeur locative qui n'est souvent que fictif ; 4°. la valeur vénale comparée, de commune à commune et de canton à canton ; 5°. voir, si d'après les premières opérations cadastrales, il n'y aurait pas de raison d'admettre une différence dans le prix des valeurs vénales et locatives comparées, des biens.

Pour opérer ces travaux, les Commissions devraient être composées de trois Membres, par canton, choisis en réunion générale des maires, et parmi les membres il devrait y avoir deux agriculteurs éclairés, afin de reconnaître la nature de chaque sol, les difficultés de culture et ce dont il est susceptible. Ces Commissions cantonnales, après avoir fait leur rapport particulier, délégueraient, dans chacune d'elles, un Membre pour opérer, entre les cantons, un travail général qui serait soumis à une commission d'arrondissement, lequel de son côté, aurait aussi ses délégués près de la Commission départementale et ainsi de suite.

Cet abus que nous signalons conduit à une fausse répartition entre les départemens, les communes et les habitants, pour tout ce qui est d'intérêt commun et par conséquent à un enchaînement forcé en général. De là surgit le mécontentement et la haine contre l'administration supérieure qui reste passible des fautes de celles qui l'ont précédée. Ainsi la prestation en nature comporte aussi le vice dans toutes les charges réparties sur la même base, et souvent celui qui use le moins est celui qui répare le plus ; si encore cela conduisait au but proposé, les regrets seraient moins vifs. Mais, voyez quelles sont les lenteurs apportées dans la confection des chemins de grande communication et vous comprendrez que les réclamations signalées à ce sujet sont justes, et qu'il est temps de remédier au mal, qui a été la suite d'un mode de répartition, arbitraire pour les uns, vexatoire pour les autres, et sans résultats satisfaisans pour personne.

PESTATION EN NATURE.

1° Est-il juste que l'homme opulent, parce qu'il est âgé, ou la veuve qui possède un vaste héritage, paient moins que le malheureux père de famille qui, à mesure que sa famille s'élève, vient contribuer, en proportion du nombre d'enfants mâles ayant atteint l'âge voulu pour acquitter la *corvée ?* La bourse de l'opulence ne devrait-elle pas acquitter la prestation de son possesseur ?

2° Le but proposé est-il rempli, quand pour confectionner une route, un chemin, l'on a fait voyager le cultivateur d'une commune à l'autre à de grandes distances, avant d'avoir rencontré le lieu où les matériaux propres à la confection sont déposés ? sans que ce temps passé soit un profit pour les chemins pas plus que pour l'Agriculture et les contribuables *de toutes espèces* de condition.

Ce mode, d'ailleurs, a le grave inconvénient d'obliger à suspendre les travaux de construction aux époques où ils seraient plus profitables : n'est-ce pas aux mois de septembre et octobre, époques essentielles des semailles, que l'empierrement devrait se faire, par la facilité alors de se procurer des matériaux dans les champs dépouillés de leurs récoltes ? Eh bien ! à cette époque les cultivateurs ne sont pas libres et après ce temps, souvent, tous moyens de transports deviennent impraticables jusqu'aux mois de mars et avril, instant précieux pour la semaille des mars, qui se prolonge, dans beaucoup de localités, jusque fin de mai.

A cela joignez les lenteurs qu'amène ce mode en ne fournissant que de mauvais ouvriers qui croient gagner autant à faire peu qu'à beaucoup travailler et qui, pour la plupart, sont peu disposés à se laisser diriger et sont au contraire toujours prêts à amener le désordre dans les ateliers, irrités qu'ils sont de la faculté laissée à l'arbitraire, de fixer le prix de la journée à 75 centimes, par exemple, quand un malheureux, pour acquitter sa journée de prestation, est obligé d'ajouter 25 centimes lorsqu'on le fait marcher *en personne* et qu'il doit se faire remplacer par un ouvrier qu'il paie pour satisfaire à ses obligations journalières. L'irritation augmente surtout quand il voit le riche et la veuve opulente allégés dans les charges qu'ils devraient seuls supporter, si la répartition s'en faisait au marc le franc, comme cela est de toute équité et sur une base mieux ordonnée de l'impôt. Ce mode, d'ailleurs, permettrait d'occuper les pauvres et aiderait à détruire la mendicité qui a une grande partie de sa source dans la mauvaise répartition des charges. Le système que nous combattons ne fait donc qu'aggraver le poids de la misère. Car l'ouvrier qui est tenu à la prestation perd le fruit de son travail, ce qui diminue ses ressources et augmente son malaise.

Les impôts sur les valeurs locatives des maisons et sur les valeurs mobilières, n'ont-ils pas aussi soulevé les plus justes réclamations qui n'ont point été écoutées. D'abord l'impôt locatif établi sur l'apparence d'une maison part d'un faux principe, car les avantages ne proviennent pas de l'apparence, c'est de la situation et de l'usage. D'ailleurs la belle maison paie déjà plus pour ses portes et ses *nombreuses croisées*. C'est cependant de ce principe d'erreur que l'on est parti pour asseoir l'impôt mobilier, ce qui a fait naître des difficultés et des plaintes, où il ne devrait y en avoir aucune.

Nous avons sous les yeux des pétitions présentées en Février 1841, qui prouvent que par suite de cette base, de malheureux ouvriers paient 4 pour cent de leur valeur mobilière, tandis que de riches agriculteurs *propriétaires*, ne paient que 1 du mille; et cela parce que des contrôleurs inhabiles, ne pouvant juger que sur la beauté *apparente* des bâtiments et quelque fois *par l'égoïsme des répartiteurs*, se sont laissés entraîner sur la plus grande pente d'un moyen vicieux et trompeur. Il serait bien plus équitable d'asseoir l'impôt, pour les habitations, sur la valeur mobilière, qui en général, caractérise l'utilité réelle de l'habitation et fort souvent l'aisance de l'imposé.

Ne trouve-t-on pas des châteaux abandonnés et occupés par des malheureux? de grandes fermes par de petits fermiers? de belles maisons de campagne par de simples particuliers? et d'un autre côté, ne voit-on pas de vieux châteaux délabrés renfermer des richesses? de chétifs bâtiments de ferme contenir de riches mobiliers? de médiocres maisons de campagne cacher une grande aisance? de médiocres boutiques en apparence cacher de riches magasins au fond? et n'avez-vous pas vu aux portails des églises des haillons dont la doublure cachait de gros billets de banque? ce qui rappelle ces anciens proverbes, que « *tout ce qui luit n'est pas or* : » et, « *l'habit ne fait pas le moine* ; » et si vous admettez que le luxe des habitations ne nuit pas à l'intérêt du peuple, laissez-le grandir, il donne la vie à ceux qui le perfectionnent et la satisfaction à ceux qui le recherchent.

Ainsi, à notre sens, la valeur locative des maisons étant établie sur l'apparence, est une injustice qui doit être réparée dans l'intérêt de toutes les classes et plus particulièrement encore dans celui de la classe ouvrière, qui devient mendiante quand elle ne peut se suffire, mais qui n'est malheureusement à charge qu'aux bonnes ames, les ames inhumaines n'en souffrent d'aucune manière. Ce remède serait le premier à apporter aux calamités sociales, le second serait celui de la colonisation des landes françaises, pour qu'après cela il ne soit plus question, de long-temps, de la mendicité.

Depuis quelques années, des amis sincères de l'humanité et de l'ordre s'occupent de la répression de ce fléau et pour y parvenir, il est souvent question d'organiser le travail. C'est une belle et grande idée; mais les moyens exécutables et certains manquent et manqueront, si on suit toujours les mêmes erremens. Il faut commencer par répartir les charges plus équitablement, afin que le travailleur ne soit pas sitôt obligé d'aller tendre la main pour redemander ce que ces charges lui ont enlevé et ce qui n'est restitué que par les bonnes ames; le travailleur, réduit à l'état de mendiant est une honte et une charge pour la société. Il diminue les ressources de l'État.

Jusqu'à présent, la ville, qui a été à l'abri des excès, par l'application de divers moyens à sa disposition, parmi lesquels, la force brutale *peut jouer son rôle*, la ville, disons-nous, ne s'était occupée que d'elle, sans s'apercevoir que la campagne, qui a aussi son intelligence, qui la fait exister de ses produits, viendrait augmenter les difficultés, si ces produits manquaient et que les mesures de précautions n'aient point été prises, pour remplacer le vide et suppléer aux moyens que l'intelligence organisatrice et la force donnent à la ville et dont la campagne est privée, par le défaut d'unité : de là, obligation pour le gouvernement d'intervenir.

La ville a ses hôpitaux, ses maisons d'asile ou de refuge, ses hospices, ses loteries, ses quêtes et autres avantages; et, lorsque la misère se fait sentir, l'intelligence forte par l'unité, crée des ressources dont, nous le répétons, la campagne est privée, par le manque d'unité nécessaire à la réussite des conceptions que l'humanité suggère et que l'égoïsme repousse. Cela fait que les mutineries des villes sont quelquefois appuyées des campagnes, qui, privées du simple nécessaire, exécutent, *machinalement*, ce que les turbulens des villes offrent aux existences compromises, le jour de réunion (les marchés) ; ce qui a été prouvé dans d'autres circonstances.

Pour remédier à ces grands inconvénients, l'on propose le travail ; quoique ce moyen soit le plus moral, il est souvent insuffisant aux jours de grandes calamités. Car d'abord, il faut le créer, ensuite, il faut qu'il puisse donner en proportion des familles, *qui peuvent n'avoir que deux bras pour ressources*, lorsqu'il y a 4, 5, 6 estomacs et plus à satisfaire et le même nombre de corps, bien entendu, à vêtir, chauffer et entretenir de toutes manières : c'est là qu'est l'origine d'un paupérisme inévitable ; ce sont là des plaies de la société que l'on ne peut éviter totalement ; mais que l'on doit cicatriser et dont on doit arrêter le progrès qui menace le corps social.

Dans un de nos départements voisins, où la mendicité étend son hideux développement, l'on s'est aussi fortement occupé de la répression de cette lèpre en forçant le mendiant à se procurer du travail et à quitter la besace. Plaise à Dieu que les moyens que l'on emploie réussissent, ce que nous n'admettrons qu'après la preuve. Car, il ne suffit pas de dire à l'homme.... travaille ! il faut lui procurer le travail convenable à sa position, à ses facultés et le lui présenter à sa proximité. Sans doute qu'à la suite d'une récolte, lorsque chacun possède encore les bénéfices du moment, cela pourrait se présenter favorablement ; mais, vienne l'hiver, avec toutes ses difficultés et l'on verra s'il sera possible de satisfaire aux besoins, d'estomacs affamés, par la menace ou, un... *Dieu vous assiste !*

D'abord, il faudrait donner à manger, et ensuite, en venir à procurer un travail lucratif propre à satisfaire tous les besoins. Ce qui ne peut être trouvé que dans la colonisation des landes françaises, où les machines n'ont pas encore porté la désolation, dans la classe populaire en s'emparant de l'emploi des bras du malheureux ouvrier, et de sa famille ; chose à laquelle il faut remédier, sans retard, si l'on ne veut s'exposer à en supporter les redoutables conséquences.

Dans ces occurences nous ne trouvons donc de moyens d'extinction de la mendicité que dans la colonisation des landes ou friches françaises et, sauf quelques modifications, par la marche que nous indiquons au chapitre qui concerne cette partie de notre travail. Car l'organisation du travail, par l'association, nous paraît présenter d'innombrables difficultés d'établissement ; et, n'avoir rien d'attrayant pour le travailleur père de famille ; ensuite comme il n'y a que le travail agricole qui puisse être pratiqué, et, par conséquent, que des agriculteurs qui puissent l'ordonner, pour qu'il soit compris et profitable ; dès-lors il faut que l'Agriculture joue le premier rôle, dans l'entreprise, afin que les habitants des campagnes prennent parti, dans l'opération, avec leur famille. Nous avons développé les moyens de mise à exécution, plus haut. Ils sont les plus propres, d'après ce que nous en savons de nombreux amateurs, à amener la concurrence ; ce qui serait préférable à une organisation qui pourrait, peut-être, devenir despotique.

Pour compléter ces améliorations sociales, il serait à désirer qu'au lieu de pousser au perfectionnement du mécanisme qui économise les bras, l'on en cherchât un individuel, qui permît de perfectionner le travail, à l'égal du mécanisme manufacturier ; alors, les établissements d'orphelins ; d'enfants condamnés ou détenus, constitués dans les départements colonisés, ne seraient plus à charge à l'État ; ils trouveraient des ressources dans le travail qui leur est enlevé par le perfectionnement et la multiplicité des machines ; et, arrivés à l'âge où les travaux des champs pourraient leur être confiés, sans crainte de nuire au développement de leur force physique, ils seraient livrés à l'Agriculture.

La morale et l'humanité voudraient aussi que les libérés, qui peuvent avoir un remords de leurs crimes, ne fussent plus obligés d'en supporter la honte, dans les lieux qui les ont vus naître, où ils sont repoussés de la société, qui leur refuse du travail et les met souvent dans la nécessité de la récidive ; ce qui est un fâcheux exemple et un fâcheux contact pour les générations qui succèdent et un sujet d'inquiétude continuelle pour la société, en général. Ne serait-il pas mieux de former une colonie agricole dans un département, où il leur serait offert des avantages de travail, qui leur permettraient d'expier leurs fautes, loin du regard de leurs connaissances et exempts des tortures irritantés de la misère. Voilà de ce que le Gouvernement et les Chambres s'occuperont un jour, qui, il faut l'espérer, ne sera pas éloigné.

Nous possédons les détails nécessaires pour démontrer les abus que nous venons de signaler dans les diverses matières que nous avons traitées dans ce travail de conscience ; nous les fournirions au besoin, avec exactitude et sincérité, si l'on voulait en tirer parti dans un intérêt national et d'ordre et nous livrerions aux recherches qui ne sortiraient pas de notre sphère et de nos faibles capacités, pour produire ce qui y manquerait suivant les questions qui nous seraient posées *dans le cabinet*. Plus tard, nous livrerons à la publicité le résultat de nos essais et de nos travaux dans l'entreprise agricole et de colonisation que nous allons mettre en pratique dans la Touraine.

CONCLUSION.

Nous croyons avoir démontré le besoin de presser l'amélioration de notre Agriculture, la nécessité de la mise en rapport de nos terres en friches et les moyens d'atteindre ce but, afin de donner du travail à la classe ouvrière et d'aider à la consommation si nécessaire à l'augmentation et à l'amélioration de nos troupeaux en général.

Nous avons fait voir qu'il ne fallait entrer dans l'union douanière qu'après un mûr examen des intérêts divers.

Nous avons aussi exposé le meilleur mode à suivre, pour tirer, selon nous, le parti le plus avantageux des biens communaux.

Nous avons enfin exprimé le vœu de voir des modifications apportées dans l'administration de ces biens et un changement introduit dans la répartition des impôts, afin que cette répartition fut faite d'une manière plus équitable sur toutes les classes de la société.

Ce sera un heureux jour, pour la France, que celui qui verra mettre à exécution ces idées qui occupent tant aujourd'hui les amis sincères de l'humanité et de l'ordre. Plaise à Dieu que le

Gouvernement et les Chambres se réunissent, le moment venu, à ce sentiment de bien-être social ! L'on peut s'en occuper quand tout le monde peut en connaître l'utilité ; pour le Midi, par le besoin d'augmenter ses ressources agricoles en compensation des pertes qu'il fait, par l'encombrement de ses vins, faute de consommation intérieure, par la gêne des classes inférieures de la société ; pour le Nord, qui va avoir besoin de transplanter l'existence de sa population, privée d'une grande partie des travaux qu'exigeaient la fabrication du sucre indigène et la grande culture des plantes oléagineuses ; ce qui ne peut obtenir compensation, que par le défrichement et la mise en culture des landes et terres en friches, formant, peut-être, le tiers du sol, dans le Midi de la France.

Ces grandes questions seraient faciles à résoudre, avec l'appui du gouvernement qui s'adjoindrait des intelligences pratiques ; ces changemens de position donneraient, à la France, des avantages que l'on ne trouvera jamais dans une réunion de douanes. Le revenu territorial s'augmenterait ; notre population, vivant plus à l'aise, consommerait plus ; notre sol s'améliorant, nos troupeaux se grossiraient et se perfectionneraient. Ainsi, la classe laborieuse serait mieux nourrie, mieux vêtue, mieux chauffée, mieux éclairée, paierait mieux sa dette à l'Etat et ne serait jamais tentée de troubler l'ordre, en se livrant aux chefs de troubles. Ainsi chacun pourrait s'élever, *sans que personne fût forcé de tomber*.

Toutes ces considérations et beaucoup d'autres, qui se rattachent au bien-être social, nous laissent l'espoir que les notables intelligences qui se réunissent dans la Capitale, ne négligeront rien *dans les intérêts vrais* de la France et qu'elles repousseront toutes vues étroites et égoïstes, s'appuyant sur ce que l'Agriculture, en France, possède la poule aux œufs d'or, comme dans tous les États ; et sur ce que l'Angleterre, qui est la puissance du monde ayant le plus de machines et le plus grand commerce maritime, est celle qui a le plus de misères crapuleuses à l'intérieur, malgré son assiette des pauvres et ses grandes colonisations commerciales, chez tous les peuples qu'elle tyrannise, dans l'intérêt d'une aristocratie sans humanité. La terre se fertilise mieux à la porte du laboureur qu'à l'extrémité de son patrimoine, où les frais d'exploitation absorbent les bénéfices : nous le répétons, la poule aux œufs d'or est au sein de la terre et ses produits aux mains des gouvernements qui savent la nourrir à propos.

La manière d'exprimer nos pensées, le terrain sur lequel nous noussommes placé et le ton naturel de nos expressions, nous auront peut être, aliéné quelques esprits chatouilleux, quoique bien intentionnés : nous en serions fâché et nous nous en excuserions. Car nos intentions sont pures et n'ont eu aucun but détourné, contre qui que ce soit; elles n'ont que celui d'être utile, sans nuire à personne. Nous espérons, d'ailleurs, que l'on passera quelque chose à la forme pour le fonds et que l'on fera la part d'une éducation qui s'est faite en suivant la charrue, entouré de travailleurs, en dehors du luxe de la science et de la délicatesse des formes sociales qui ne nous ont pas appris à voiler la vérité. Au surplus il est impossible d'aborder de si grandes questions sans faire quelques blessures : il y a là bien des côtés vulnérables. Cette exposition simple et naturelle de nos idées pourra faire jaillir chez des hommes d'État une lueur d'où sortirait les plus resplandissantes lumières.

Nous sommes l'ennemi de tous désordres, de telle nature qu'ils soient et de telle classe de la société qu'ils proviennent, n'ayant pas de prédilection pour aucune. Si dans la défense des intérêts de la classe ouvrière, nous avons mis autant de feu, c'est par conviction que, suivant nous, ils ne sont pas suffisamment compris et que nous les considérons comme ceux de la France, dans l'intérêt de l'ordre et de la paix intérieure, et aussi parce que ces intérêts ne nous paraissent pas toujours traités par des défenseurs complétement spéciaux, suivant l'étude que nous avons faite de l'état social, d'après nos faibles connaissances, et jugé sans aucune prévention, nous le jurons; pensant que le moyen d'éviter des catastrophes, c'est de prouver à l'infortune qu'on l'a comprise et qu'on provoque, pour elle, un meilleur avenir : ses plaies sont grandes, mais non sans remède : tout le corps étant attaqué, il faut le traiter dans toutes ses parties; et plus la maladie doit être longue et grave, plus sa guérison complète serait un belle cure : heureux qui y aura contribué !

Rarement un gouvernement est coupable des maux d'un pays : ce sont les hommes qui l'abusent sur l'état réel du peuple, lequel il ne peut apprécier que par les yeux de ceux qui le visitent ou disent l'avoir consolé, mais! quelles visites et quelles consolations? Si le Gouvernement le savait !

Nous terminons ce médiocre travail de convictions que nous offrons dans l'espoir d'être utile à l'œuvre que nous poursuivons.

DUCROQUET,

Agriculteur à la Niverdière par Montrésor,
(Indre-et-Loire.)

Septembre 1844.

Arras : imp. de J. DEGEORGE.

www.ingramcontent.com/pod-product-compliance
Ingram Content Group UK Ltd.
Pitfield, Milton Keynes, MK11 3LW, UK
UKHW022127170726
13837UKWH00003B/1416